기적의 열흘
원 플레이트 식사법

기적의 열흘 원 플레이트 식사법

초판 1쇄 인쇄일 | 2020년 02월 15일　　초판 1쇄 발행일 | 2020년 02월 20일

지은이 | 니시야마 유미
옮긴이 | 황세정
펴낸이 | 강창용
책임기획 | 이윤희
디자인 | 가혜순
영　업 | 최대현

펴낸곳 | 느낌이있는책
출판등록 | 1998년 5월 16일 제10-1588
주 소 | 경기도 고양시 일산동구 중앙로 1233(현대타운빌) 407호
전 화 | (代)031-932-7474
팩 스 | 031-932-5962
이메일 | feelbooks@naver.com
포스트 | http://post. naver.com/feelbooksplus
페이스북 | http://www.facebook.com/feelbooksss

ISBN 979-11-6195-102-7 (13590)

이 도서의 국립중앙도서관 출판예정도서목록(CIP)은 서지정보유통지원시스템 홈페이지(http://seoji.nl.go.kr)와 국가자료종합목록 구축시스템(http://kolis-net.nl.go.kr)에서 이용하실 수 있습니다.
(CIP제어번호 : CIP2020003408)

의욕 없는 당신, 먹는 순서가 문제였다

기적의 열흘 원 플레이트 식사법

니시야마 유미 지음 | 황세정 옮김

서장 매일이 활기찬 삶이 진정한 인생이다

영양을 지배하는 자가 삶을 지배한다

최고의 나를 끌어내는 '호르몬'의 힘

성공과 행복을 만드는 뇌 통제 기술

이제 '시계 방향 플레이트' 식사법을 시작하자!

시계 방향 플레이트 식사법으로 인생이 바뀐다

실전 '시계 방향 플레이트' 식단

서장

매일이 활기찬 삶이 진정한 인생이다

아침에 눈이 잘 떠지지 않는 이유는 영양 부족 때문이다

아침에 잠자리에서 일어나는 모습을 보면 그 사람의 인생을 알 수가 있습니다. 당신은 매일 아침 어떤 기분으로 눈을 뜨나요? 오늘은 또 어떤 하루가 시작될지 기대되나요? 아니면 좀처럼 눈이 떠지지 않아 더 자고 싶나요?

만약 아침에 일어나기가 힘들다면 당신은 큰 문제를 안고 있는 셈입니다. 아침이 밝으면 일어나는 것이 자연의 순리입니다. 그런데 어째서 쉽게 일어나지 못하는 걸까요. 밤에 늦게 잔 탓일까요? 아니면 며칠째 격무에 시달린 탓일까요? 저마다 짐작되는 이유가 있을 것입니다.

하지만 그 모든 이유는 정답이 아닙

니다. 아침에 쉽게 일어나지 못하는 근본적인 원인은 바로 '영양 부족' 입니다. '피곤해서 쉽게 일어나지 못하는 것'이 아니라, '영양이 부족해서 쉽게 일어나지 못하는 것'입니다. 이게 무슨 소리일까요?

인간의 몸은 매우 정교하게 만들어져 있고, 신체 기능은 전부 우리가 섭취하는 음식을 원료로 사용합니다. 입으로 들어온 음식은 장에서 소화, 흡수되어 혈액을 통해 운반되지요. 하지만 이때 영양소가 몸 구석구석에 골고루 퍼지지 않습니다. 영양이 부족하면 생명 유지와 관련된 곳에 우선 공급되는 시스템이라 그렇습니다. 영양소가 혈액을 통해 충분히 운반된다면 여러 장기며 세포에 골고루 전달되어 심신과 뇌의 작용 모두 이상적인 상태를 유지할 수 있겠지요. 하지만 영양소가 부족하면 어떻게 될까요. 생명 유지와 관련이 없는 곳부터 영양소가 부족해집니다. 아침에 쉽게 일어나지 못하는 원인도 바로 이것입니다.

아침에 쉽게 일어날 수 없다거나 눈 뜨기가 힘들다는 것은, 뇌가 에너지를 절약하려고 애쓰고 있다는 증거입니다.

인간의 활동에는 엄청난 양의 에너지가 필요해 에너지가 부족한 상황에서 몸을 움직이기 시작하면 생명 활동에 써야 할 에너지가 고갈될 수 있습니다. 이는 생사가 걸린 중대한 문제이지요. 그래서 뇌는 생명 활동에 필요한 에너지를 확보하기 위해 에너지 절약 모드로 들어갑니다. 즉, 눈을 조금이라도 늦게 뜨게 하는 것입니다. 가만히 누워 있으면 생명 유지에 필요한 최소한의 에너지를 확보할 수 있으니까요.

그런 뇌의 작용을 거스르고 무리하게 일어나 적은 에너지로 활동을 시작한들 과연 자신의 능력을 제대로 발휘할 수 있을까요. 이는 연료가 떨어져가는 자동차로 과속 운전을 하는 것과 같습니다. 무작정 가속 페달을 힘차게 밟아버리면 차가 언제 멈추어버릴지 알 수 없습니다. 하지만 서행 운전을 하며 느릿느릿 움직이면 어떻게든 앞으로 나아갈 수는 있지요.

아침에 쉽게 일어나지 못하는 사람의 몸은 서행하는 자동차와 같은 상태입니다. 반면 아침에 기분 좋게 눈을 뜰 수 있다는 것은 에너지가 가득 차 있다는 뜻입니다. 가속 페달을 있는 힘껏 밟은 채로 하루를 보낼 수 있는 이상적인 상태이지요. 그렇다고 해서 이런 상태가 쉽게 도달할 수 없을 만큼 특별한 것은 아닙니다. 누구든지 에너지 가득한 상태를 충분히 만들어낼 수 있습니다.

삶을 좌우하는 것은 식사다

좋은 영양소를 올바른 방법으로 충분히 섭취하면 심신이 건강해집니다. 병이라고는 모르는 건강한 삶을 살 수도 있습니다. 평소에 식사를 어떻게 하느냐에 따라 병을 만들어낼 수도, 몰아낼 수도 있습니다. 이는 누구나 알고 있을 것입니다.

그렇다면 식사가 삶을 좌우한다는 것은 무슨 뜻일까요?

식사는 우리의 삶을 많은 부분 변화시킵니다. 하지만 대부분의 사람이 이 중요한 사실을 깨닫지 못하고 있습니다. 더군다나 이 현상은 나이를 먹을수록 더 두드러집니다. 잠재된 자신의 능력을 무시하면서 '내가 하는 일이 그렇지 뭐', '이 나이에 뭘 하겠어'라며 체념해버리고 마는 것입니다.

사람은 나이를 먹을수록 더 많은 능력과 매력을 끌어낼 수 있어야 합니다. 잠재된 능력을 하나둘씩 깨울 힘은 누구에게나 있습니다. 그런데 실제로 잠재력을 살피고 깨우는 사람은 많지 않습니다. 또 '자신을 발전시키려면 노력해야 한다'라고 믿는 사람이 많지만 반드시 노력만이 정답은 아닙니다. 영양소가 부족하면 아무리 노력해도 뇌의 에너지 절약 모드를 해제할 수 없어 잠재 능력을 끌어내지 못하니까요.

반대로 우리의 몸과 뇌가 필요로 하는 영양소를 충분히 만족시켜주면 어떻게 될까요. 마음 놓고 가속 페달을 밟아도 온종일 달릴 수 있는 몸과 뇌를 얻을 수 있습니다. 연료가 풍족하면 자동차뿐만 아니라 비행기도 날릴 수 있습니다. 식사를 어떻게 하느냐에 따라 전혀 다르게 살

수 있는 것이지요.

당신은 무엇이 되고 싶고 어떻게 살고 싶습니까? 지금 한번 생각해 보십시오. 식사만으로 그 모든 것을 가능케 할 방법을 이 책에서 이야기하려 합니다.

피부는 신체 내부를 비추는 거울이다

저희 병원에서는 분자교정의학(Orthomolecular medicine, 영양요법과 운동요법을 통해 인체 내 모든 분자 상태를 정상화해 본래의 기능을 회복시키고 면역력을 증가시키는 방법) 외래 진료를 보고 있습니다.

분자교정의학이란 필요한 영양소를 올바르게 섭취함으로써 세포 단위부터 건강한 상태를 만들어나가는 방법론을 추구하는 의학입니다. 신체 내부에서부터 본래 기능을 차츰 회복해나간다면 심신 모두 건강해질 뿐만 아니라, 자신이 지닌 능력을 최대한 끌어낼 수 있게 되지요. 이 책에서는 이러한 분자교정의학을 바탕으로 한 식이요법을 소개할 것이며, 그 결과는 며칠 만에 나타날 것입니다.

식사를 소홀히 한 기간이 긴 사람은 당연히 변화에 더 많은 시간이 걸립니다. 하지만 열흘만 실천해도 눈에 띄게 달라지는 것이 느껴질 것입니다. 즉각적인 변화를 보이는 곳이 바로 피부입니다. 피부는 우리가 섭취하는 음식에 즉각적으로 반응합니다. 이는 지금 당신의 피부 상태를 결정짓고 있는 것은 이제껏 먹어온 음식이란 이야기입니다.

저는 어떤 사람의 피부를 보면 그 사람이 지금까지 어떤 식사를 해왔는지, 어떤 영양소가 부족한지 금세 알 수 있습니다. 그런 사람에게 부족한 영양소를 적극적으로 섭취하라고 조언하면 순식간에 큰 변화를 보이지요. 칙칙했던 피부가 밝아지고 넓어졌던 모공이 줄어들면서 예전의 맑고 깨끗하던 탱탱한 피부로 돌아옵니다. 기미와 주름도 옅어지고요. 오랫동안 골칫거리였던 아토피 피부염도 근본적으로 치료할 수 있습니다.

피부는 신체의 세포 상태를 나타내는 척도입니다. 피부가 예전보다 좋아지고 있다면 약 60조 개로 알려진 신체 세포의 상태가 개선되기 시작했다고 믿으셔도 좋습니다(신체 세포의 수에 대해서는 37조 개라는 주장부터 100조 개라는 주장까지 다양한 설이 있지만, 이 책에서는 가장 일반적인 '약 60조 개'를 기준으로 이야기해나갈 생각입니다.).

피부만 보고 어떻게 그런 판단을 내릴 수 있을까요?

피부는 우리의 '신체 내부를 비추는 거울'이기 때문입니다. 피부 트러블이 눈에 보일 정도로 표면에 드러난다면 고민거리가 될 만한 문제입니다. 하지만 생사가 걸린 문제는 아닙니다. 생명 유지와 관련된 다른 중요한 사항들과 비교했을 때, 피부 건강은 그보다 순위가 낮습니다. 쉽게 생각하면 몸 상태가 좋지 않거나 감기에 걸리면 피부가 거칠어지거나 뾰루지가 생길 수 있지요. 하지만 피부가 거칠어진다고 해서 생명에 위협이 되지는 않습니다. 따라서 영양소가 부족해지면 상대적으로 피부에 필요한 영양소가 먼저 줄어들게 됩니다. 이런 이유로 피부를 보면 신체 상태를 세포 단위까지 파악할 수 있는 것입니다.

결국 피부 상태가 좋다는 것은 피부에까지 필요한 영양소가 충분히 공급되었다는 뜻입니다. 신체 세포에 영양소가 충분히 공급되었다는 사실을 피부가 말해주고 있는 셈이지요. 즉, 뇌세포에도 필요한 영양소가 적절히 전달되었다는 것을 의미합니다. 다시 말하면 뇌의 활동이 최대 출력 모드로 전환되어 아직 깨어나지 않은 잠재 능력을 끌어낼 준비를 마쳤다는 신호이지요.

능력은 호르몬의 비율에 따라 달라진다

사람의 성격이나 능력, 매력에 크게 관여하는 내분비물은 호르몬입니다. 호르몬의 작용을 이해하고 호르몬이 분비되는 원리나 활용 방법을 알고 있으면 많은 부분에 활용할 수 있습니다.

행복한 감정을 불러일으키는 호르몬은 '도파민', '세로토닌', '옥시토신', '엔도르핀'이며, 사람의 성격을 형성하는 호르몬은 '도파민', '세로토닌', '테스토스테론', '에스트로겐'입니다. 우선 기억해야 할 것은 이러한 네 가지 성격 호르몬의 비율에 따라 사람의 성격이나 매력, 심지어 능력까지도 차이가 난다는 점입니다.

이 네 가지 호르몬도 우리가 먹는 음식을 원료로 이용합니다. 때문에 무엇을 먹느냐에 따라 우위를 점하는 호르몬이 달라질 수 있습니다. 성격을 결정하는 호르몬의 분비량이나 우위성이 식사에 따라 차이가 난다는 것은, 성격이나 매력까지도 우리가 섭취하는 음식이 좌우한다는 뜻입니다.

여성이 여성스러운 아름다움을 갖추기 위해서는 에스트로겐이 필요합니다. 여성 호르몬인 에스트로겐은 피부나 몸매, 성격까지도 여성스럽게 만듭니다. 뽀얗고 탄력이 넘치는 매끄러운 피부를 만드는 것이 에스트로겐의 작용입니다. 이러한 에스트로겐의 분비를 증가시키면 여성스러운 아름다움을 한층 향상시킬 수 있습니다. 하지만 승부욕이 발휘하면 여성도 남성 호르몬인 테스토스테론을 분비해 힘을 냅니다. 투쟁심이나 경쟁심을 관장하는 테스토스테론이 있어야 승부욕이 더 강해지기 때문인데, 결전의 순간이 다가오면 테스토스테론이 단숨에 방출되기도 합니다. 하지만 여성의 경우 테스토스테론이 너무 많이 분비되면 에스트로겐이 제대로 분비되지 않습니다. 남성 호르몬과 여성 호르몬은 서로를 견제해 어느 한쪽이 과도하게 분비되면 다른 한쪽이 제대로 분비되지 않도록 하기 때문이지요.

남성에게는 테스토스테론이 필요합니다. 남성다운 신체와 정신을 만들어주는 호르몬이기 때문이지요. 남성도 에스트로겐을 소량 분비하는데 청소년기와 노년기에 더욱 뚜렷하게 분비합니다.

여성의 아름다움을 형성하는 데는 에스트로겐이 절대적으로 필요합니다. 하지만 안타깝게도 에스트로겐은 경쟁심을 사그라뜨리는 작용을 하지요. 그래서 승부 앞에서 머뭇거리는 일이 생기기도 하는데 이때 중요한 것이 도파민입니다. 에스트로겐의 분비를 억제하지 않으면서 승부에서 이기려면, 도파민을 이용해 기분 좋게 정점에 오를 수 있습니다.

'도파민'으로 잠재능력을 꽃피우자

도파민은 즐거움을 만드는 행복 호르몬입니다.

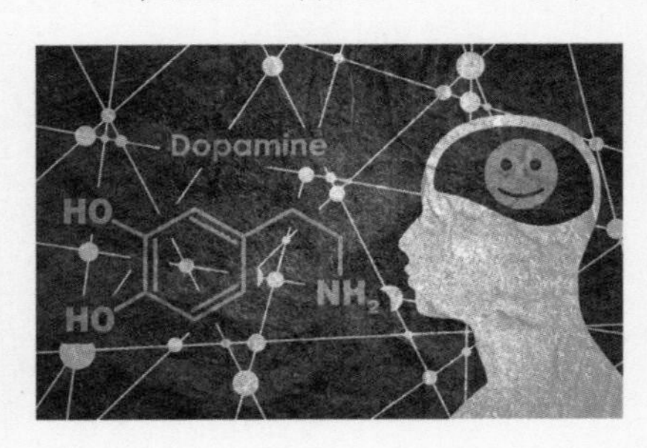

도파민이 강하게 작용하면 무언가에 도전하는 일이 몹시 즐거워집니다. 자신 안에 삶의 중심축이 바로 서기 때문에 주변의 인간관계에 휘둘리지도

않고, 스트레스를 느끼는 일도 줄어듭니다. 그저 순수하게, 즐거운 마음으로 자신이 정한 목표를 향해 나아갈 수 있게 됩니다. 게다가 뇌세포의 일부인 '시냅스(Synapse)'를 증가시켜 뇌를 활성화시키는 작용도 합니다. 잠재능력을 끌어내는 것도 바로 도파민으로 능력을 향상시키는 작용이 강합니다.

이런 도파민을 지속적으로 강하게 작용시킬 수만 있다면 인생에서 큰 자산을 쥐고 있는 것과 마찬가지일 것입니다. 도파민이 우위를 점하는 성격을 형성한다면 누구나 원하는 대로 삶을 변화시킬 수 있고, 하루하루를 즐겁게 살아갈 수 있을 테니까요.

인간은 굳이 노력하거나 금욕적으로 살지 않아도 즐거운 마음으로 자신의 능력을 향상시킬 힘을 갖고 있습니다. 그 원동력이 바로 도파민입니다. 이런 굉장한 힘을 지닌 도파민도 식사를 통해 분비량을 늘릴 수 있습니다. 그리고 그 결과는 열흘 후면 나타납니다. 외형적인 변화뿐만 아니라 내면에서 솟아오르는 기운도 달라집니다.

"식사를 바꾸면 열흘 만에 삶이 달라진다."

이것이 바로 분자교정의학을 바탕으로 한 식사요법의 진수입니다.

도파민
환희 호르몬, 의욕 호르몬

의욕이나 행복감을 고양시키는 호르몬.

● 어느 때 분비되나?

- 보수를 얻기 위해 일할 때
- 꿈을 이루기 위해 공부할 때
- 실전에서 이기기 위해 연습할 때
- 이상형을 만나기 위해 노력할 때

어떤 보수를 얻기 위해 무언가를 할 때 의욕이나 호기심, 욕망이 생기는 이유는 도파민이 방출되기 때문이다.

● 도파민을 분비시키려면?

- 적당한 알코올 마시기
- 미지근한 녹차 마시기(테아닌 분비 촉진)
- 좋아하는 노래 열창하기
- 클래식 음악 듣기(f분의 1 진동)
- 식사 개선(티로신이 풍부한 식품 섭취)

  ···› 가다랑어, 죽순, 낫토, 아몬드, 참깨, 견과류, 바나나, 아보카도 등

❖ 도파민이 많이 방출되면 집중력이 향상되어 공복감을 잘 느끼지 못한다. 사랑에 빠지면 식욕이 줄어드는 것도 이 때문이다.

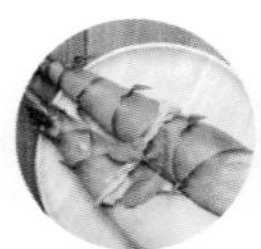

세로토닌
긴장 완화(정신 안정) 호르몬, 행복 호르몬

자율신경이나 호르몬의 균형을 바로잡고 긴장을 완화하는 작용을 하여 몸과 마음을 안정시키는 호르몬.
의욕을 고취시키는 도파민과 스트레스에 반응하는 노르아드레날린의 폭주를 억제해 마음의 안정을 유지시켜준다.
사람은 이 세 가지 호르몬이 균형을 이룰 때 '행복감'을 느낀다.

● 어느 때 분비되나?

- 좋은 일을 할 때
- 다른 사람에게 친절하게 대할 때
- 자원봉사

(이러한 행동들을 일정하게 반복하면 세로토닌이 지속적으로 분비된다.)

● 세로토닌의 효과

- 생기와 활력이 넘쳐 보인다.
- 면역력을 향상시켜 질병을 예방한다.
- 식욕을 억제한다. (다이어트 효과)
- 뇌가 활성화되어 긍정적인 기분이 지속된다. (안정감과 편안함, 만족감을 느낄 수 있다.)
- 다른 사람의 기분을 잘 이해할 수 있게 된다. ('공감뇌'가 발달한다.)

❖ 인간에게는 상대의 표정이나 태도를 보고 그의 심리를 직관적으로 읽어내는 '공감뇌'가 있다. 세로토닌은 이러한 공감뇌의 작용을 활성화시키는 호르몬으로, 비즈니스나 사회생활에 큰 영향을 끼친다.

옥시토신
애정 호르몬

모성애나 남녀 간의 애정, 신뢰 같은 심리 상태를 형성한다.
오직 포유류에게만 나타나는 호르몬으로, 절대적인 애정의 근원으로도 알려져 있다.

● 옥시토신을 분비시키려면?

- 가벼운 스킨십
- 가족 간의 화목
- 부부, 연인 사이의 애정 표현
- 솔직하게 감정 표현하기
- 친절하게 행동하기

❖ 뇌의 피로가 풀릴 뿐만 아니라 신체도 건강해진다.
(이러한 행동들을 반복하면 옥시토신이 지속적으로 분비되어 행복감이 유지된다.)

● 옥시토신의 효과

- 타인에 대한 친근감 · 신뢰감이 증가한다.
- 스트레스가 사라지고 행복감이 생긴다.
- 혈압 상승을 억제한다.
- 심장 기능이 좋아진다.
- 장수할 수 있게 된다.

❖ 옥시토신이 분비되면 세로토닌 신경도 활성화된다. 이 두 가지 호르몬이 충분히 분비되면 심리적인 피로가 풀리고, 행복감이 생긴다.

엔도르핀
행복 호르몬

스트레스를 해소하는 작용을 하여 행복감을 느끼게 한다.

신체의 회복력과 면역력을 향상시킨다.

● 어느 때 분비되나?

- 좋아하는 일이나 즐거운 일을 했을 때
- 성관계를 했을 때
- 맛있는 음식을 먹었을 때
- 스포츠 경기나 도박 등에서 승리했을 때(도박 중독에 빠지는 원인이기도 하다.)

● 엔도르핀의 효과

- 천연 진통제라 불리며, 진통 효과가 모르핀보다 여섯 배 이상 크다고 알려져 있다
- 면역력을 향상시킨다.
- 엔도르핀이 분비되면 알파파가 나오기 때문에 발상이나 학습 능력이 향상된다.

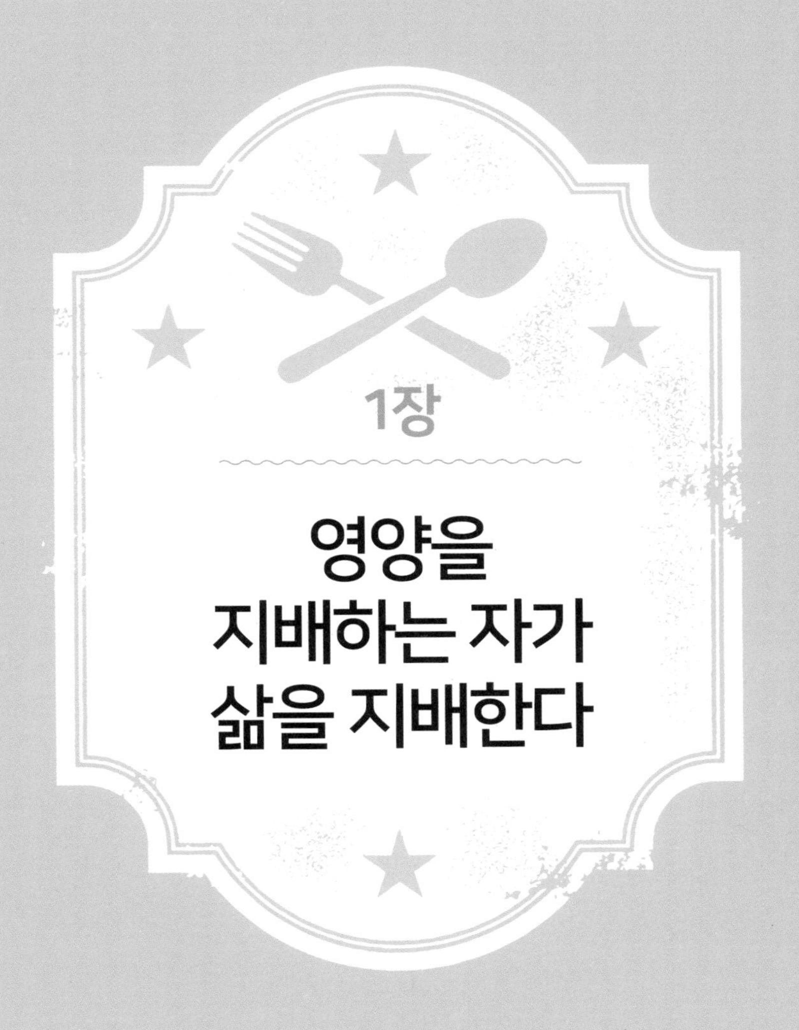

1장

영양을 지배하는 자가 삶을 지배한다

'간편한 식사'가 삶을 망가뜨린다

"고작 밥 한끼인데 뭐……."

식사를 대수롭지 않게 여기는 사람이 많다. 하지만 부디 깨닫기 바란다. 식사를 중요하게 생각하지 않는 사람은 결코 최고의 삶을 누릴 수 없다는 사실을 말이다.

영양적으로 균형 잡힌 식사를 하면 삶은 눈에 띄게 달라진다. 인간의 몸은 약 60조 개의 세포로 이루어져 있는데, 우리는 그 세포 하나하나를 만드는 데 필요한 재료를 음식에서 얻는다. 또 음식을 통해 생명 유지나 뇌의 활동에 필요한 에너지를 공급받기도 하고, 성격에 영향을 미치는 호르몬을 보충하기도 한다. 당신은 몸속 세포를 만들 때 어떤 재료를 사용하고 싶은가? 에너지 공급이나 호르몬 보충에 필요한 영양소는 충분한가? 이 모든 질문에 대한 답이 오늘 먹는 당신의 식사에 있다.

요즘 세상은 참으로 편리하다. 돈만 내면 끼니를 해결할 수 있어 직접 요리하지 않아도 된다. 그런데 아쉽게도 이런 간편한 식사에는 건강한 세포를 만들거나 충분한 에너지를 공급할 영양소가 들어 있지 않다.

이 책과의 만남을 계기로 당신의 식생활을 바꿔나가 보길 바란다. 그 중요한 첫걸음으로 먼저 편리함 뒤에 감춰진 문제를 살펴보자.

우리는 1년 동안 1천 끼가 넘는 식사를 한다. 하루 세끼라고 할 때는 대수롭지 않게 보였던 식사가 1년에 1천 끼 이상이라고 하면 꽤 중요하게 느껴질 것이다. 1천 끼의 식사가 10년, 20년 그리고 평생 이어진다고 생각해보자. 이토록 중요한 식사를 그저 공복감을 달래기 위해 편의점이나 슈퍼마켓에서 파는 도시락이나 컵라면으로 대충 때우고 말겠는가, 아니면 자신의 몸에 필요한 영양소를 따져가며 직접 밥을 짓고 반찬을 만들겠는가. 당연한 얘기지만 어느 쪽을 선택하느냐에 따라 건강과 삶의 질은 크게 바뀔 것이다.

간편한 식사에는 건강한 세포를 만들거나 충분한 에너지를 공급할 영양소가 들어 있지 않다.

이런 이야기를 하면 가장 먼저 듣는 말이 있다.

"어떻게 매일 영양소까지 따져가며 식사를 준비해요. 귀찮아서 못 해요."

어째서 못 한다는 생각부터 하는 걸까. 그런데 이렇게 답하는 사람의 컨디션을 한번 살펴 보자. 부정적으로 반응하는 사람은 뇌가 에너지 절약 모드 상태일 가능성이 높다. 생명을 유지하는 에너지밖에 생산하지 못하기 때문에 새로운 일에 도전할 에너지가 모자란 것이다. 이러한 상태가 '귀찮아', '할 수 없어'라는 감정을 낳는다.

자신의 삶을 만들어나가기 위한 식사가 '귀찮게' 느껴지는 순간, 이미 영양 부족 상태라고 봐야 한다. 이를 단순히 성격의 문제로, 먹는 데 관심이 없어서로 치부해서는 안 된다.

비만이어도 영양이 부족할 수 있다

영양 부족이라고 하면 아마 많은 분이 의아해할 것이다. 요즘처럼 풍족한 시대에 영양 부족이라니, 쉽게 이해되지 않을 수 있다. 먹을 것이 넘쳐나 '굶어 죽을 것 같은' 경험을 할 일이 거의 없으니까.

하지만 요즘처럼 풍족한 시대라서 오히려 겪게 되는 영양 부족 상태가 있다. 편의점이나 슈퍼마켓에서 파는 도시락에는 우리 몸에 필요한 무기질이나 비타민이 거의 없다. 게다가 컵라면 같은 인스턴트식품에는 화학 첨가물이 많이 들어 있고, 그런 음식을 자주 먹는 사람의 몸은 화학물질을 몸 밖으로 배출하기 위해 더 많은 비타민과 무기질을 필요로 한다.

많은 사람이 비타민이나 무기질을 섭취하기 위해 손질되어 포장된 샐러드를 구입해 먹는다. 하지만 생채소에 든 비타민은 대부분 수용성이라서 물에 잘 녹고 쉽게 파괴된다. 따라서 물에 가볍게 씻은 후 되도록 빨리 먹어야 하는데, 판매대에 장시간 진열된 샐러드는 이미 영양소가 파괴되고 남은 껍질에 불과하다. 그런 샐러드를 먹는다는 것은 결국 비타민이 파괴된 채소를 먹는다는 의미인 것이다.

또한 매일 영양 균형을 고려해 직접 요리를 해도 영양 부족 현상이 생길 수 있다. 조리법이나 섭취 방법, 식단 등에 대한 올바른 지식을 습득해야 영양소를 효율적으로 섭취 · 흡수할 수 있다.

우리 몸은 단 하나라도 부족한 영양소가 있으면 충분한 에너지를 만들어내지 못하게 설계되어 있다. 그래서 똑같은 양의 음식을 먹어도 영양 상태에 따라 만들어낼 수 있는 에너지의 양이 달라진다.

비만한 사람은 영양 부족이 자신과 무관한 이야기라고 생각할 수 있다. 영양이 넘치다 못해 몸에 쌓여 비만이 되는 것이라 생각하기도 한다. 하지만 오히려 비만인 사람이 영양 부족 상태인 경우가 많으며, 영양 불균형이 심각해 충분한 에너지를 만들어내지 못할 때도 있다. 그리고 에너지로 바뀌지 못한 영양소는 지방으로 바뀌어 몸에 축적되기 때문에 비만한 몸은 에너지의 생산 효율이 떨어진다고 보면 된다.

분자교정의학을 바탕으로 한 식사요법을 실천하면 에너지를 효율적으로 생산하는 몸으로 바뀌어 몸에 쌓인 불필요한 지방도 차츰 에너지로 바뀐다. 그러면 불필요하게 찐 살도 전부 빠질 것이다. 마음껏 먹어도 살이 찌지 않고 건강한 사이클을 구축하는 것, 이것이 가장 이상적인 다이어트 방법이다.

아침에 잘 일어나지 못하는 것은 '철분 부족' 때문

신체 내부에서 일어나는 모든 활동은 에너지를 필요로 한다. 심장 박동, 혈액순환, 장에서 일어나는 소화 · 흡수, 피부 재생, 뇌의 사고 등 온갖 활동에 에너지가 쓰인다. 세포 수를 늘리는 세포 분열이나 잠을 자는 행위도 마찬가지다. 그래서 에너지 생산량이 늘면 그만큼 활발하게 활동할 수 있다. 반대로 에너지 생산량이 줄어들면 우리 몸은 생명 유지와 관련이 적은 부분부터 에너지 공급을 차츰 줄이게 된다. 사고나 암기 같은 고도의 뇌 활동은 에너지 공급이 가장 먼저 줄어드는 부분이다.

그렇다면 신체 활동에 필요한 에너지는 어디서 만들어지는 것일까. 바로 우리 몸을 구성하는 세포인데, 이때 필요한 것이 산소다. 산소가 있어야만 우리 몸이 다량의 에너지를 만들어낼 수 있다. 또한 산소가 온몸에 돌게 하려면 헤모글로빈이 필요하다. 호흡을 통해 몸속으로 들어온 산소는 혈액 속에 있는 헤모글로빈과 결합해 온몸 구석구석으로 전해진다. 헤모글로빈은 철이 들어 있는 헴(heme)과 단백질의 일종인 글로빈(globin)으로 이루어져 있다. 간단히 말하면 '헤모글로빈=철(gpa)+단백질(글로빈)'인 셈이다. 우리 몸속 세포에 산소를 전달하려면 헤모글로빈이 반드시 필요하며 이때 중요한 것이 헤모글로빈의 재료인 철이다.

우리 몸속에 있는 철 가운데 약 3분의 2는 산소를 운반하는 데 사용된다. 그래서 철분이 부족하면 몸속 세포에 공급되는 산소가 부족해지고, 그렇게 되면 에너지 생산량이 크게 감소한다.

우리 병원으로 영양요법 치료를 받으러 오는 환자들의 혈액을 조사해보면 대부분 철분이 부족하다고 나온다. 현대인의 철분 부족은 매우 심각한 상태이다.

서장에서 "아침에 눈이 잘 떠지지 않는 이유는 영양 부족 때문이다"라고 했는데, 여기서 말하는 부족한 영양소도 주로 철분이다. 철분이 부족해서 에너지 생산량이 크게 줄어들고, 신체 활동에 필요한 에너지를 더 만들어내지 못하게 되는 것이다.

아이가 아침에 깨워도 잘 일어나질 않는다고 고민하는 부모들이 있다. 하지만 아이들은 '일어나지 않는 것'이 아니라, '일어나지 못하는 것'이다. 철분이 부족하면 에너지도 부족해지고, 그러면 아침에 눈을 뜨기가 힘들다. 생명을 유지하기 위한 일종의 방어적인 반응이다. 연료가 부족한 차를 계속 운전하면 사고를 일으킬 위험이 증가하는 것과 마찬가지다.

이처럼 아침에 쉽게 일어나지 못하는 것은 에너지가 부족해 어려움이 발생했기 때문이라고 말할 수 있다. 그럴 때 "어서 일어나!"라고 혼내며 억지로 깨워서는 안 된다.

철분이 부족하면 에너지가 부족해지고, 그러면 아침에 눈을 뜨기가 힘들다.

철분이 모자란지 체크해보자!

- ☐ 아침에 눈을 잘 뜨지 못한다.
- ☐ 조금만 움직여도 피곤하다.
- ☐ 피부색, 특히 안색이 창백하다.
- ☐ 자신도 모르는 사이에 푸른 멍이 들었다.
- ☐ 여드름이나 습진이 잘 생긴다.
- ☐ 몸이 냉하고, 다리가 잘 붓는다.
- ☐ 속이 더부룩하고 식욕이 없다.
- ☐ 일어설 때 현기증이 나거나 평소에 어지럽고 두통이 있다.
- ☐ 무언가를 마시면 속이 갑갑하다.
- ☐ 생리가 불규칙하고 출혈량이 많다.

- 해당되는 항목이 세 가지 이상이면 철분 부족일 가능성이 있다.

철분 섭취를 할 때도 포인트가 있다

그렇다면 아침에 눈이 잘 떠지지 않는 사람은 어떻게 해야 할까.

방법은 간단하다. 철분이 많은 음식을 적극적으로 섭취하면 된다. 다만 철분을 효율적으로 섭취하기 위해 미리 알아두어야 할 사항이 몇 가지 있다.

철은 '헴철'과 '비헴철'로 나뉜다. 헴철은 동물성 식품에 함유된 철로 단백질과 결합되어 있고, 비헴철은 식물성 식품에 들어 있는 철로 단백질과 결합되어 있지 않다. 철의 흡수율은 단백질과의 결합 여부에 따라 달라진다. 헴철은 15~30%가 흡수되지만, 비헴철은 5% 이하밖에 흡수되지 않는다. 그래서 철분은 동물성 식품을 통해 섭취하는 것이 효율적이라고 할 수 있다.

헴철은 돼지고기나 닭고기, 소의 간, 붉은 고기, 달걀, 참치나 가다랑어 같은 붉은 살 생선, 굴이나 바지락, 재첩 같은 조개류, 말린 정어리 등에 많이 들어 있는데, 이때 문제가 되는 것이 하나 있다. 육류에는 포화지방산이 많다는 점이다. 고기를 구울 때 나오는 기름은 식으면 하얗게 굳는데, 이것이 포화지방산이다.

포화지방산이 혈액에 들어가면 피가 탁해진다. 그래서 포화지방산을 과도하게 섭취하면 고혈압이나 고지혈증, 당뇨 같은 질병의 원인이 되

헴철과 비헴철의 차이를 알아보자

헴철 : 동물성 식품에 함유된 철 **비헴철** : 식물성 식품에 들어 있는 철

	헴철	비헴철
흡수율	15~30%	5% 이하
풍부한 식품	육류, 어류	식물성 식품(시금치, 소송채, 몰로키아, 대두류 등)
함께 섭취하면 흡수율이 올라가는 식품	육류, 어류	육류, 어류
흡수를 방해하는 성분	타닌, 옥살산	타닌, 옥살산
주요 식품	참치, 가다랑어, 정어리, 전갱이, 굴, 바지락, 재첩, 새꼬막, 돼지 간, 소 간, 붉은 고기, 달걀 등	시금치, 소송채, 쑥갓, 톳, 낫토, 두부, 대두, 풋콩, 무말랭이, 건자두 등

* 비헴철은 헴철에 비해 흡수율이 떨어지므로 비헴철은 어패류를 함께 먹으면 좋다. 비헴철과 헴철을 함께 섭취하면 흡수율도 높일 수 있다.

는 것이다. 한 가지 영양소를 보충하기 위해 질병의 원인이 될 수 있는 다른 성분을 함께 섭취하는 일은 되도록 피해야 한다. 그러므로 철분이 부족하다고 해서 간이나 붉은 고기를 일부러 먹을 필요는 없다. 그보다는 참치나 가다랑어, 조개류, 정어리처럼 헴철은 풍부하면서 포화지방산은 적은 식품을 적극 섭취하는 것이 좋다.

하지만 이러한 식품들만으로 우리에게 필요한 철분을 전부 보충하기는 어렵다. 그렇다면 어떻게 해야 할까. 붉은 살 생선이나 조개류, 등푸른 생선 등을 열심히 먹으면서 시금치나 쑥갓 같은 푸른 잎 채소, 톳 같은 해초류, 두부나 낫토처럼 콩으로 만든 식품에 많이 들어 있는 비헴철을 함께 섭취하는 것이 바람직하다. 단, 비헴철은 헴철에 비해 흡수율이 떨어지므로 이들 식품을 섭취할 때는 어패류를 함께 먹길 바란다. 비헴철과 헴철을 함께 섭취하면 흡수율도 높일 수 있다.

또 레몬이나 오렌지 같은 감귤류나 키위, 딸기 같은 과일에 많이 들어 있는 비타민 C도 비헴철의 흡수를 돕는다.

'과일이야 식후에 한두 조각 먹으면 되지 굳이 따로 챙겨 먹을 필요가 있나'라고 여기는 사람들이 있는데, 이는 잘못된 생각이다. 과일도 식사를 구성하는 중요한 요소 중 하나다. 식사 마지막에 비타민 C가 풍부한 과일을 먹느냐 먹지 않느냐에 따라 철분 흡수율이 크게 차이 나기 때문이다. 이는 결과적으로 에너지 생산량의 차이로 이어진다.

반대로 식사 중에는 녹차나 현미차, 홍차, 커피 같은 음료를 마시지 말아야 한다. 이러한 음료에는 타닌이라는 성분이 들어 있는데, 타닌은 세포의 산화를 방지하는 긍정적인 효과도 있지만 비헴철의 흡수를 막는 작용도 한다. 즉, 타닌을 함께 섭취하면 애써 섭취한 비헴철이 흡수되지 못하기 때문에 식사 중에 커피나 홍차를 즐겨 마시는 사람일수록 에너지가 부족해지기 쉽다. 그러므로 녹차나 현미차, 홍차, 커피는 적어도 식사하고 한 시간이 지난 뒤에 마시는 것이 좋다.

'소화효소'는 영양소를 분해하는 '가위'

우리는 1년 동안 1천 끼가 넘는 식사를 한다. 100년 동안 산다고 가정하면, 단순히 계산해도 사는 동안 10만 끼가 넘는 식사를 하는 것이다. 한 끼 한 끼가 차곡차곡 쌓여 우리의 삶을 이루는 셈이다. 당신은 이러한 음식들이 어떠한 과정을 거쳐 심신에 필요한 양분이 되는지 알고 있는가. 기본적인 내용이지만 영양을 섭취하는 올바른 방법을 알려면 이것 또한 아는 것이 중요하다.

신체나 뇌가 움직이려면 에너지가 필요한데, 그 에너지원이 바로 탄수화물, 단백질, 지방이다. 생명과 직접적인 관련이 있는 영양소이기 때문에 이를 '3대 영양소'라고 부른다. 그다음으로 필요한 영양소는 비타민과 무기질로 3대 영양소에 이 두 가지를 합쳐 '5대 영양소'라고 하며, 5대 영양소가 신체 내부에서 제대로 작용해야만 건강을 유지할 수 있다.

3대 영양소는 '소화효소'라는 물질의 힘을 빌려 더 작은 단위로 분해된다. 소화효소라고 뭉뚱그려 말했지만 그 종류가 매우 다양하며 종류에 따라 분해할 수 있는 영양소도 차이가 난다. 다만 주요 작용은 같은데 쉽게 말하면 각자 담당하는 영양소를 싹둑싹둑 잘라버리는 '가위' 같은 역할을 한다.

우리가 먹는 음식은 입 안에서 잘게 부수어져 타액과 섞이며, 타액 속에 자리한 많은 소화효소가 탄수화물을 잘게 분해하는 작용을 한다.

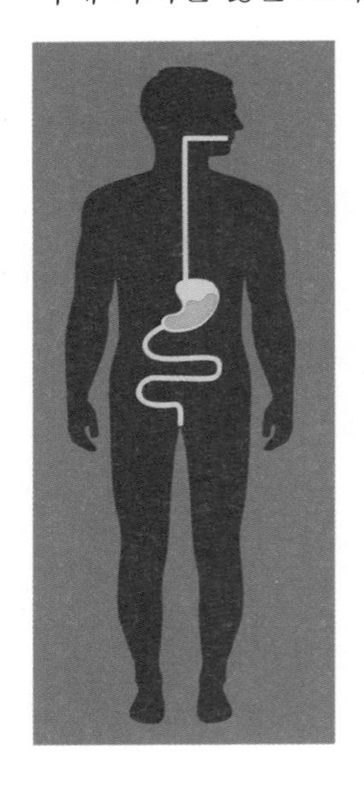

이렇게 타액과 섞인 음식물은 위로 이동하고, 위액에는 단백질을 분해하는 소화효소가 있어 위에서는 주로 단백질을 분해한다. 그러고 나면 음식물은 십이지장을 거치면서 담즙산과 섞인다. 담즙산에는 지방을 분해하는 소화효소가 들어 있다. 이러한 과정을 거치면서 3대 영양소는 대부분 분해된다. 하지만 몸속에 흡수되려면 더 작은 단위의 성분으로 분해되어야만 한다. 그래서 음식물은 췌장에서 분비되는 췌장액과 섞이는 과정을 거치는데, 췌장액에는

3대 영양소를 더 작게 분해하는 소화효소가 들어 있다.

췌장에서 나온 음식물이 장에 도달하면 더 이상 분해할 수 없을 만큼 작은 단위로 분해된다. 장에서 분비되는 장액에는 3대 영양소를 가장 작은 분자 단위로 분해하는 소화효소가 들어 있기 때문이다.

이처럼 소화효소의 도움을 받아 작은 단위로 분해된 영양소는 장에서 흡수되어 혈관으로 들어간다. 혈관은 영양소가 다닐 수 있도록 몸속 구석구석까지 뻗어 있는 길이다. 그 길을 지나면서 영양소가 몸속 세포에 골고루 퍼지는 것이다. 인체를 구성하는 세포의 수는 대략 60조 개로 알려져 있는데, 영양소가 이들 세포에 전달되어 에너지 생산이나 세포 재생 등에 사용된다.

그렇다면 충분히 분해되지 않아 혈관에 흡수되지 못한 영양소는 어떻게 될까. 모두 대변으로 배출된다. 아무리 비싸고 맛있는 음식을 먹어도 제대로 소화시키지 못하면 에너지의 원료나 세포를 만드는 재료로 쓰지 못하게 되는 것이다. 다시 말하면 영양소를 소화 · 흡수하는 데 소화효소의 역할이 매우 중요하다는 의미다. 소화효소가 제대로 분비될 수 있는 상태를 만들어야만 우리 몸이 영양소를 효과적으로 활용할 수 있다.

위장의 소화효소는 단백질을 원료로 사용한다. 따라서 양질의 단백질을 섭취하는 것이 중요한데 단백질은 육류, 달걀, 어패류, 낫토나 두부처럼 콩으로 만든 음식에 많이 들어 있다. 단, 육류는 포화지방산이

많기 때문에 과잉 섭취하지 않도록 주의해야 한다. 따라서 단백질은 어패류나 낫토, 두부를 통해 섭취하는 것이 바람직하다.

단백질 섭취량이 적은 사람은 위액을 충분히 만들지 못하고, 위액이 부족하면 단백질 분해가 원활히 이루어지지 않으며, 그러면 소화효소도 부족해진다. 그리고 소화효소가 부족해진다는 것은 섭취한 영양소를 체내에서 제대로 사용하지 못하게 된다는 것을 의미한다.

이처럼 고작 한 가지 영양소만 부족해져도 우리 몸에 엄청난 문제가 일어날 수 있다.

60조 개의 세포가 에너지를 만든다

그렇다면 세포에 전달된 영양소는 구체적으로 어떤 과정을 거쳐 에너지를 만들어낼까.

우리의 주식은 쌀밥이나 빵, 면류 같은 탄수화물 식품으로 탄수화물은 장 속에서 포도당으로 분해되며, 포도당은 에너지를 만드는 스타터

(Starter) 역할을 한다.

포도당 1몰(mol, 물질량의 단위)이 세포에 들어가면 피루브산이라는 물질로 바뀌며, 이 과정에서 최종적으로 2ATP가 생성된다. ATP는 아데노신 3인산(Adenosine Tri-Phosphate)의 약자로, 간단히 말하면 에너지다.

에너지도 2ATP까지는 음식만 섭취하면 누구나 만들어낼 수 있다. 예를 들어 주식을 섭취하지 않더라도 이 단계까지는 도달한다. 모든 식품에는 소량이나마 포도당이 들어 있기 때문이다. 하지만 2ATP의 에너지는 호흡을 하거나 심장이 뛰게 하는 등의 간신히 생명을 유지할 수 있는 수준에 불과하다. 이것만으로는 그 이상의 활동을 할 수가 없다. 생명을 유지하는 것만으로도 벅찬 정도이다. 연료가 떨어질락 말락 하는 상황에서 차를 천천히 움직이는 것과 같다.

우리가 활기차게 살아가기 위해서는 더 많은 양의 에너지가 필요한데, 이때 필요한 영양소가 철이다. 앞에서 산소를 온몸에 운반하려면 철분이 필요하다고 했는데, 우리 몸이 많은 양의 철분을 필요로 하는 이유가 한 가지 더 있다. 철분이 있으면 TCA 회로(Tricarboxylic Acid Cycle, 삼카르복실산 회로. 구연산 회로라고도 한다)라는 시스템을 이용해 대량의 에너지를 만들어낼 수 있기 때문이다. 포도당 한 분자를 이용해 최종적으로 무려 38ATP를 생성할 수 있다. 그리고 대량의 에너지를 생산하려면 반드시 필요한 또 하나의 영양소가 비타민 B군이다.

에너지의 양을 증가시키는 영양소가 있다

그렇다면 철분과 비타민 B군은 에너지 생산과 어떤 관련이 있을까.

앞서 포도당 1몰이 세포 안에 들어가면 피루브산이라는 물질로 바뀌는 과정에서 2ATP를 생성한다고 설명했다. 피루브산은 철분과 비타민 B군의 도움을 받아 아세틸 CoA라는 물질로 변화하고, 이 아세틸 CoA가 TCA 회로를 작동시키는 원료가 된다.

TCA 회로를 작동시키는 원료를 늘리면 당연히 에너지 생산량도 대폭 증가한다. 그러므로 세포 안에 철분과 비타민 B군이 충분해야 한다.

TCA 회로는 세포 속에 있는 미토콘드리아라는 작은 기관에서 작동하며, 한 개의 세포 속에 존재하는 미토콘드리아의 수는 수백에서 수천 개에 달한다. 세포 안에 철분과 비타민 B군이 충분하면 '60조 개(세포 수) ×수백~수천(세포 한 개에 존재하는 미토콘드리아의 수)'나 되는 엄청난 양의 에너지를 단숨에 만들어낼 수 있게 되는 것이다.

미토콘드리아는 에너지를 생산하는 공장이라고 할 수 있다. 공장의 수를 늘리면 생산할 수 있는 에너지의 양이 늘어나는 것은 당연하다. 이 과정에서 도움이 되는 영양소 가운데 하나가 타우린이다. 타우린은 문어회나 오징어회, 건오징어 등에 많이 들어 있다. 토마토나 마늘, 브로콜리 새싹 등에도 함유되어 있다. 그중에서도 가장 좋은 식품이 문어

회다. 문어는 익히면 타우린의 양이 다소 줄어들므로 신선한 문어를 구할 수 있을 때는 되도록 회로 먹기 바란다. 가열할 때도 불에 살짝 익히는 정도가 좋다. 푹 익히면 문어에 들어 있는 타우린이 너무 아깝기 때문이다.

참고로 TCA 회로에서는 물질이 화학 변화를 일으켜 에너지를 생성할 때마다 효소가 사용되며, 효소의 원료는 단백질이다. 따라서 에너지 생산량을 늘리기 위해서는 양질의 단백질도 필요하다.

지금까지의 내용을 간단히 정리해보자. 인간의 몸은 60조 개의 세포로 구성되어 있고, 우리는 세포 안에서 ATP라는 에너지를 만들어내면서 살고 있다. 활기차게 살기 위해서는 방대한 양의 ATP가 필요하며, 이러한 ATP를 충분히 만들어내기 위해서는 철분과 비타민 B군, 타우린, 단백질이라는 재료가 있어야 한다. 반면에 포도당은 에너지 생성 과정을 시작하는 데 필요한 최소한의 양만 있으면 된다.

한 가지 영양소만 부족해도 일어날 수 있는 끔찍한 상황

'피로가 풀리질 않아.', '뭘 해도 금방 피곤해져.'

이렇게 느끼는 사람들은 에너지 생산력이 떨어져서 TCA 회로가 제대로 작동하지 않는 상태일 것이다.

"내가 그런 걸 어떻게 해.", "나한테는 무리야.", "귀찮아.", "말이야 쉽지, 힘들어."

이런 말을 입버릇처럼 하는 것도 에너지 생산력이 떨어지는 사람들이 보이는 특징이다. 자신도 모르게 부정적인 말을 뱉는 것은 뇌가 되도록 활동을 억제하려 하기 때문이다. 에너지가 부족하기 때문에 뇌가 에너지 절약 모드로 돌입해버린 것이다. 이런 상태로는 활기차게 일상생활을 할 수 없다.

문제는 그뿐만이 아니다. 에너지를 충분히 생산하지 못하면 더 무시무시한 사태가 벌어질 수 있으며, 자칫 돌연사를 초래할 수도 있다.

예를 들면 계단을 오르기만 해도 숨이 차고 가슴이 세차게 뛰는 사람이 있다. 숨이 차는 것도 에너지가 부족할 때 나타나는 주요 증상 가운데 하나다. 계단 오르기 같은 일상적인 행동에 필요한 에너지조차 생성하지 못한다는 뜻이다. 얼마 되지 않는 에너지를 필요한 곳에 보내기 위해 심장이 있는 힘껏 혈액을 순환시키고 있고, 그 때문에 심장이 세차게 뛰는 것이다.

하지만 계단을 오를 때 숨이 차서 병원을 찾아가도 심전도 검사에서는 별다른 이상이 나타나지 않는다. 이러한 상태는 아직 질병이라고 하기 어렵기 때문에 아마도 의사는 "당분간 상태를 지켜보도록 하지요"라며 당신을 돌려보낼 것이다.

그런데 이러한 상태를 방치하면 어떻게 될까?

심장은 매일 가혹한 노동에 시달리느라 서서히 지쳐갈 것이고, 그 결과 몇 년 혹은 몇십 년 뒤에 부정맥이 생겨 어느 날 갑자기 심장이 멈춰버리는 일이 발생할 수 있다. 계단 오르기 같은 일상적인 활동만 해도 숨이 찬 증상은 언젠가 그런 일이 발생할 위험성을 안고 있다는 뜻이다.

이처럼 숨이 차는 이유도 철분 부족 때문이다. 아마 이런 사람은 비타민 B군이나 단백질도 충분하지 않을 것이다. 어느 한 가지 영양소라도 부족하게 섭취하면 자신을 죽음으로 몰아넣을 수 있다는 사실을 명심해야 한다.

단백질이 부족해서 생기는 '마른 체형의 심근경색'

심근경색은 심장 혈관이 막혀 혈액이 제대로 흐르지 못해 생기는 질환으로, 목숨을 앗아갈 수도 있는 무서운 병이다. 심근경색은 어느 날 갑자기 발생하기 때문에 증상이 나타나기 전까지는 대부분 '나와는 관계없는 이야기'라고 생각하기 쉬운데, 균형 잡힌 식사를 하지 않고 있다면 자신과 결코 무관한 질병이 아니라는 사실을 알아야 한다.

심근경색을 일으키는 사람은 두 가지 유형으로 나뉜다.

첫 번째 유형은 비만 환자다. 비만인 사람은 내장지방이 많아 혈전이 쉽게 생기고, 이러한 혈전이 심장 혈관을 막아 심근경색을 일으킨다. 실제로 심근경색 환자 중 비만 환자가 많기 때문에 이를 연관 지어서 말할 때가 많다.

두 번째 유형은 마른 체형의 환자다. 의외라고 생각할지 모르겠지만 심근경색은 마른 사람에게도 일어날 수 있다. 마른 사람에게서 심근경색 증상이 나타나는 원인 또한 영양 부족과 관련이 있다.

앞서 설명했듯이 에너지를 만드는 과정에서 포도당이 스타터 역할을 하는데, 이러한 포도당이 부족하면 에너지를 생산할 수가 없어 사망에 이를 수도 있는 것이다. 비만인 경우에는 몸에 지방이 많이 축적되어 있기에 여분의 지방을 분해해 에너지원으로 사용할 수 있지만, 마른 사람에게는 여분의 지방이나 단백질이 없다.

인간의 몸은 체중의 약 20%를 단백질이 차지하고 있으며 심장, 근육을 비롯한 모든 장기가 단백질로 이루어져 있다. 스타터 역할인 포도당이 외부에서 들어오지 않으면 마른 사람은 신체를 구성하는 중요한 단백질을 분해해서 에너지를 만들어내게 된다.

그렇다고 해서 심장의 단백질을 전부 분해해 버린다면 사망에 이르는 만큼 단백질을 스타터인 포도당 대신 사용할 수 있는 한계가 존재한다. 바로 '3분의 2'다. 포도당이 들어오지 않으면 우리 몸은 심장이 3분의 2 크기로 줄어들 때까지 단백질을 써버린다.

원래 마르고 단백질이 적은 사람이 절식을 하면 위험한 이유가 바로 여기에 있다.

다이어트나 극단적 채식을 철저히 지키거나, 식욕이 없다는 이유로 식사를 걸러 공복 상태를 오래 유지하면 우리 몸은 먼저 근육 속 단백질을 사용하고, 근육이 3분의 2 수준까지 줄어들면 그다음으로 심장 등 여러 장기에 있는 단백질을 사용한다.

중요한 것은 한번 줄어든 심장은 결코 회복되지 않는다는 점이다. 그 후로도 계속 일반 심장의 3분의 2 크기로 살아야만 하며, 이렇게 줄어든 심장은 쉽게 지치고 결국 고장이 나기 쉽다.

배우나 운동선수 등 마른 사람이 심근경색을 일으켜 뉴스에 나올 때가 있다. 말라서 여분의 단백질이 없는 사람이 단식을 하거나 균형 잡힌 식사를 하지 않으면 섭취하는 탄수화물이나 단백질의 양이 줄어들고, 이러한 변화는 심장에 큰 부담을 준다. 이런 사람들에게 발생하는 심근경색을 '마른 체형의 심근경색'이라고 한다.

최근에는 건강이나 미용을 위해 다이어트를 하는 사람이 많은데, 마른 사람이 극단적인 방법으로 식사를 거르는 것은 매우 위험한 행동이다.

단식을 해도 사흘이 지나야 지방이 연소되기 시작한다

반면 비만인 사람은 불필요한 지방을 덜어내야 심근경색을 예방할 수 있다.

살을 빼기 위해 식사를 제한하는 사람이 있을 것이다. 하지만 살이 찐 사람이 끼니를 거르면 처음 이틀 동안은 몸에 축적된 단백질을 사용한다. 하지만 사람들이 덜어내고 싶어 하는 것은 단백질이 아니라 지방이다. 단백질은 우리 몸에 꼭 필요하므로 되도록 유지하고 싶어 한다.

최근에는 건강을 위해 단식에 도전하는 사람도 많아졌다. 그런데 살이 찐 사람이 단식의 효과를 실감할 수 있는 것은 사흘이 지난 뒤부터다. 사흘째가 되어야만 비로소 몸에 축적되어 있던 지방이 에너지원으로 쓰이기 때문이다. 이렇게 되면 지방이 단숨에 소비되어 체중이 줄어들고 몸매도 한결 날씬해진다.

하지만 그보다는 평소에 식사에 신경을 써서 좀 더 건강하게 살을 빼는 방법이 있다. 바로 4장에서 소개할 식사요법인데, 맛있는 음식을 실컷 먹어도 뱃살이 저절로 빠지는 놀라운 방법이다. 체내 단백질이 줄어들까 걱정하지 않아도 된다. 편하게 살을 빼고 싶다면 이 방법을 꼭 실천해보기 바란다.

쉽게 짜증이 나는 이유는 탄수화물 과잉 섭취 때문이다

4장에서 소개할 식사요법을 나는 '시계 방향 플레이트'라고 부른다. 이 식사요법에서 중시하는 것 중의 하나가 혈당치 조정인데, 혈당치란 혈액 속에 들어 있는 포도당의 양을 나타내는 수치를 말한다.

혈당치는 당뇨병 예방이나 치료에 사용되는 중요한 지표다. 하지만 그것으로 끝이 아니다. 혈당치는 사람의 성격에 강한 영향을 끼치는 수

치이기도 하다. 예를 들어 공복 상태에서 밥이나 빵 같은 주식이나 단 것을 먹으면 체내에서 다음과 같은 변화가 일어난다.

탄수화물을 급격히 섭취하면 혈당치가 단숨에 올라가고, 그러면 췌장에서 인슐린이라는 호르몬이 다량 분비된다. 인슐린은 포도당을 세포 안으로 들여보낼 때 쓰이는 호르몬으로, 혈액 속 포도당의 양이 증가하면 인슐린의 분비량 또한 함께 증가한다. 그러면 인슐린의 작용 때문에 이번에는 혈당치가 줄어드는데, 분비되는 인슐린의 양이 많을수록 혈당치가 단숨에 떨어진다.

신체에 더 위협적인 증상은 고혈당보다 저혈당이다. 세포가 에너지 생산의 스타터 역할을 하는 포도당을 얻지 못하게 되기 때문이다. 우리 몸은 생명에 위협이 될 만한 요소를 피하는 것을 최우선으로 둔다. 그래서 저혈당 증상이 나타나면 '글루카곤'과 '노르아드레날린'이라는 두 가지 호르몬이 단숨에 분비된다. 글루카곤은 인슐린처럼 췌장에서 분비되는 호르몬인데, 인슐린과는 반대로 혈당치를 높이는 작용을 하며, 인슐린과 길항하면서 혈당치를 올리거나 내리면서 조정한다.

글루카곤과 노르아드레날린이 분비되면 이번에는 혈당치가 단숨에 올라가고, 다시 인슐린이 방출되어 혈당치가 단숨에 내려간다. 많은 양의 탄수화물을 한꺼번에 섭취하면 이처럼 혈당치가 급격하게 오르내리기를 반복하는 결과를 초래한다. 이렇듯 혈당치가 급격히 오르내리면 사람의 성격도 바뀐다. 노르아드레날린의 분비량이 증가되기 때문이다.

노르아드레날린은 스트레스 호르몬으로 행복감을 낳는 호르몬과 정반대의 작용을 한다. 노르아드레날린이 분비되면 마음이 불안정해져 쉽게 짜증이 나고, 욱하는 일이 잦아지며, 뇌가 부정적인 사고의 지배를 받게 된다. 혈당치가 반복적으로 급격한 변화를 보이는 사람은 부정적인 사고에 지배당하게 되는 것이다.

이를 사전에 방지하려면 식사법에 신경을 써야 한다. 4장에서 소개할 시계 방향 플레이트는 혈당치가 서서히 오르내리도록 고안한 것이다. 혈당치의 변화가 완만한 사람은 노르아드레날린이 분비될 이유가 없다. 그래서 성격도 온화해지고 행복감도 더 커진다.

물론 사람의 성격에는 선천적인 부분이 크다. 하지만 먹는 음식의 영향도 받는다. 그 한 축을 담당하는 것이 바로 혈당치의 변화다. 삶을 즐기는 마음은 혈당치의 완만한 변화를 토대로도 만들어갈 수 있다.

탄수화물을 섭취할 때는 주의가 필요하다

혈당치는 어떻게 변하는가?

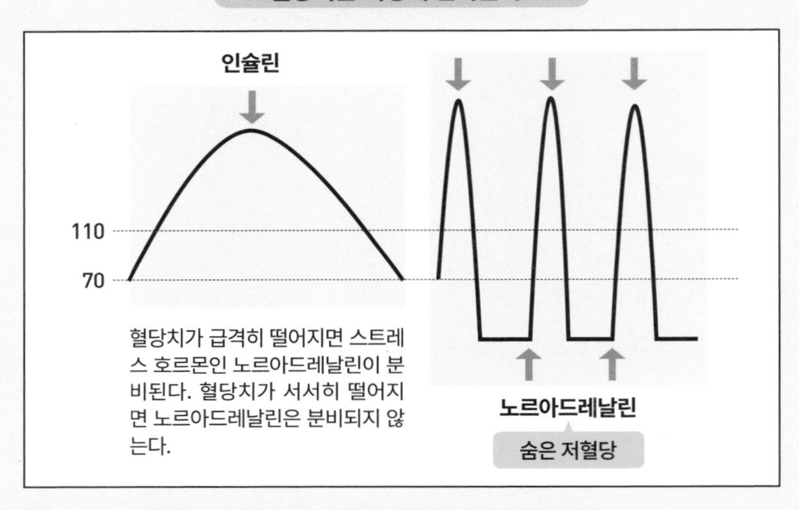

혈당치가 급격히 떨어지면 스트레스 호르몬인 노르아드레날린이 분비된다. 혈당치가 서서히 떨어지면 노르아드레날린은 분비되지 않는다.

숨은 저혈당의 증상은?

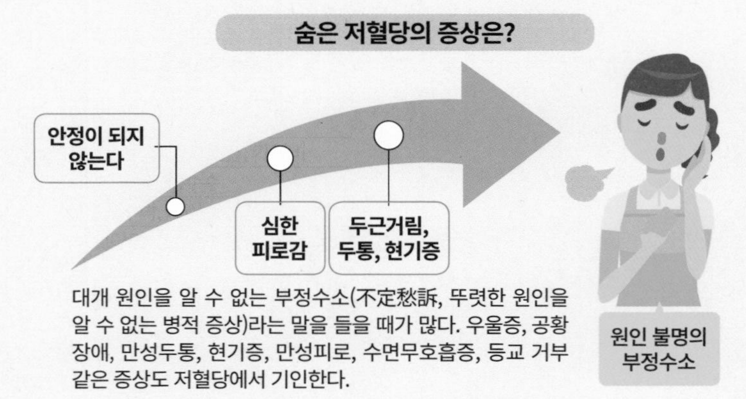

대개 원인을 알 수 없는 부정수소(不定愁訴, 뚜렷한 원인을 알 수 없는 병적 증상)라는 말을 들을 때가 많다. 우울증, 공황장애, 만성두통, 현기증, 만성피로, 수면무호흡증, 등교 거부 같은 증상도 저혈당에서 기인한다.

'당화(糖化)'를 막으면 노화도 막을 수 있다

'당화'라는 말을 알고 있는가.

당화는 요즘 신체를 급속도로 노화시키는 현상으로 주목받고 있다. 당화란 혈액 속에 있는 불필요한 포도당이 체내 단백질과 결합하는 현상을 말한다. 단백질이 당화되면 상태가 변질되어 조직이 약해져 노화를 진행시키고, 작용을 악화시키며, 질병을 야기한다. 당화의 진행으로 발생하는 대표적인 질병이 바로 당뇨병이다.

당뇨병은 '만병의 근원'이라고도 한다. 신장병 같은 합병증을 일으키고, 시력을 저하시켜 실명에 이르게 하기도 하며, 다리를 절단해야 하는 경우도 있다. 혈관에서 당화가 일어나면 동맥경화증이 진행되어 심근경색이나 뇌경색의 발생 가능성을 높이며, 고혈압이나 지질이상증 등을 일으키기도 한다. 이러한 합병증은 모두 혈액 속에 있는 불필요한 당이 혈관이나 장기의 단백질을 당화시키기 때문에 발생한다.

또한 뇌에서 당화가 일어나면 뇌세포가 노화되어 사고력이 저하되며, 건망증도 심해진다. 당화는 인지증(치매) 발병과도 관련이 있다고 알려져 있는데 뇌의 당화가 진행된다는 것은 삶의 질이 떨어진다는 것을 의미한다.

당화는 특히 비만인 사람에게 더 잘 일어난다. 정도의 차이는 있지

만, 비만 상태에서는 이미 몸속에 당화가 일어나고 있다고 할 수 있다. 비만할수록 더 나이들어 보이는 것도 당화가 노화를 진행시키고 있기 때문이다.

현대인이 살이 찌는 가장 큰 원인은 바로 당질(탄수화물에서 식이섬유를 뺀 나머지 성분)의 과잉 섭취다. 밥이나 빵, 면 같은 주식뿐만 아니라 케이크나 아이스크림 같은 디저트, 스낵 같은 과자에는 많은 양의 당질이 들어 있다. 전부 쉽게 구할 수 있고, 자주 접하는 음식들이기에 현대인들은 당질에 편중된 식사를 하기 쉽다.

포도당은 에너지 생산 과정에서 스타터 역할을 하는 중요한 영양소다. 하지만 양은 적어도 상관없다. 우리 몸은 약간의 포도당으로도 많은 양의 에너지를 만들어낼 수 있게 이루어져 있기 때문이다.

에너지원으로 사용되지 않은 당은 혈관을 돌아다니다가 지방으로 바뀌어 몸에 쌓이게 된다. 체내에서 밖으로 배출되는 것은 물과 이산화탄

소 그리고 요소뿐인데, 이들은 소변과 땀, 호흡을 통해 몸 밖으로 나간다. 하지만 과잉 섭취한 포도당은 '언젠가 필요하기 때문'에 체내에 축적되고, 이것이 당화를 촉진시킨다.

당화의 진행을 막으려면, 우선 적정 체중을 유지해야 한다. 다이어트를 할 때 섭취 칼로리를 제한하는 사람이 많은데, 그런 방법으로는 당화를 막을 수 없다. 다이어트에는 여러 가지가 있지만, 지금보다 더 건강하고 아름다워지며 행복감과 능력까지 높여 인생을 바꿀 만한 힘을 갖춘 것은 식사요법이 대표적이라고 할 수 있다.

'주섬주섬 먹는 습관'이 삶을 망가뜨린다

시계 방향 플레이트는 삶을 바꿔주는 식사요법이다. 그리고 그 근간에는 혈당치를 완만하게 변화시키는 식사법이 있다. 이 식사법을 실천하기만 해도 좋은 기분을 유지할 수 있으며 당화도 억제하기 때문에 노화 속도를 늦추고 적정 수준의 체중을 가질 수 있다.

반대로 우리 삶을 망가뜨리는 식습관도 있다. 그중에서도 가장 나쁜 것이 '주섬주섬 먹는 습관'이다. 식사 사이에 사탕이나 과자를 먹거나 단맛이 강한 주스나 캔 커피를 마시는 것이다. 이런 음식들은 당질 덩

어리라 조금만 먹어도 혈당치가 급격히 오르내리며, 그러면 체내에서 당화가 일어나 당뇨병을 일으키게 된다.

그런데 주섬주섬 먹는 사람은 이러한 습관을 쉽게 버리지 못한다. 노르아드레날린이 자주 분비되기 때문이다. 노르아드레날린은 스트레스 호르몬으로, 부정적인 사고를 끌어낸다. 노르아드레날린이 분비되면 마음이 불안정해지고, 그러면 짜증 나는 감정을 해소하고 싶어진 뇌는 더 단 음식을 찾게 된다.

이러한 상황을 바꾸려면 일단 의식적으로 간식을 끊어야 한다. 처음에는 짜증이 나고 참을 수 없을 만큼 단 음식이 생각날 것이다. 하지만 꾹 참고 버텨 일주일 정도만 지나면 당질에 의존하는 마음이 어느 정도 가라앉는다. 이는 노르아드레날린의 분비가 줄어들기 시작했다는 증거이기도 하다.

주섬주섬 먹는 습관 다음으로 좋지 않은 것이 바로 덮밥 종류다. 카레라이스나 쇠고기덮밥, 닭고기덮밥, 해물덮밥, 불고기덮밥 등에는 당질이 가득 들어 있다. 다량의 당질에 단백질과 지방까지 듬뿍 든 음식을 얹어 먹으면 당화가 진행된다. 당화는 소화 흡수 속도가 빠르기 때문에 이를 갑자기 먹어버리면 혈액 속에 다량의 포도당을 단숨에 방출하는 셈이 된다. 라면이나 우동, 파스타, 빵 등 당질 위주의 요리만으로 식사를 해결하는 것도 마찬가지다.

이러한 식습관이 '건강을 망친다'라는 사실을 명심하고 오늘부터 조금씩 개선해보기 바란다.

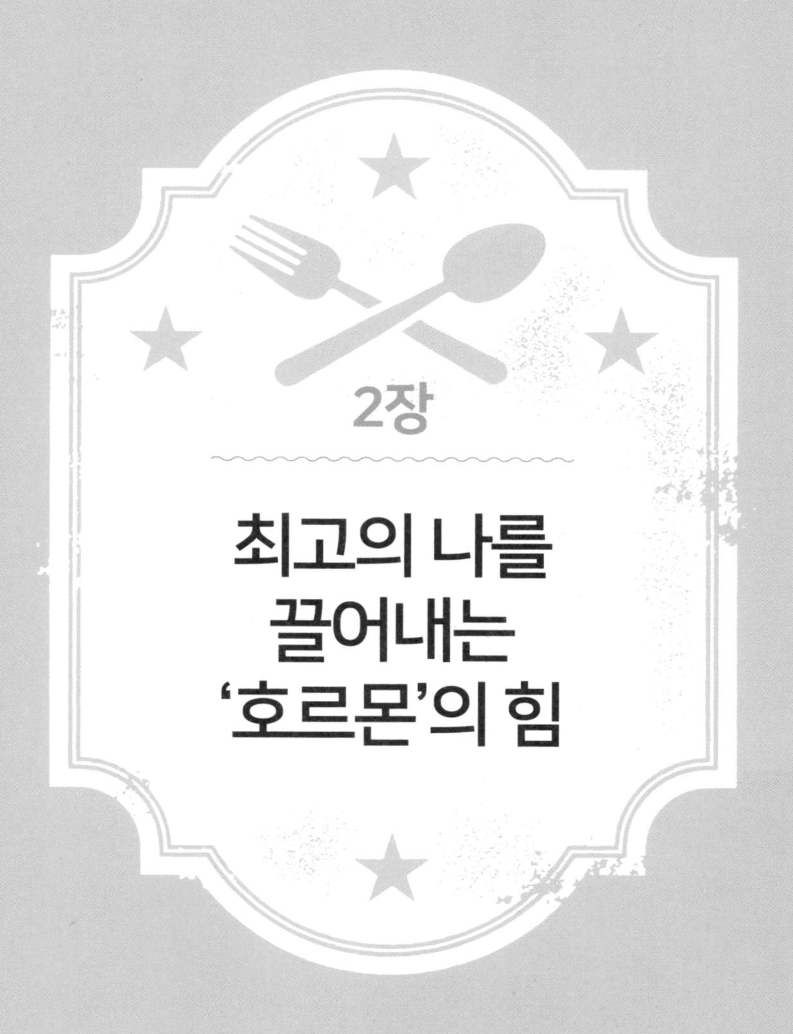

2장

최고의 나를 끌어내는 '호르몬'의 힘

뇌세포의 질은 식사가 결정한다

인생이란 매우 즐거운 것이다. 물론 때로 힘들고 어려운 일도 생기지만, 인생을 즐길 줄 아는 사람은 그런 순간에도 긍정적인 사고로 어려움을 이겨내고, 그 경험을 바탕으로 더 멋지게 살아간다. 이런 긍정적인 마음은 건강한 뇌세포에서 만들어진다. 뇌세포가 사고를 관장하기 때문이다.

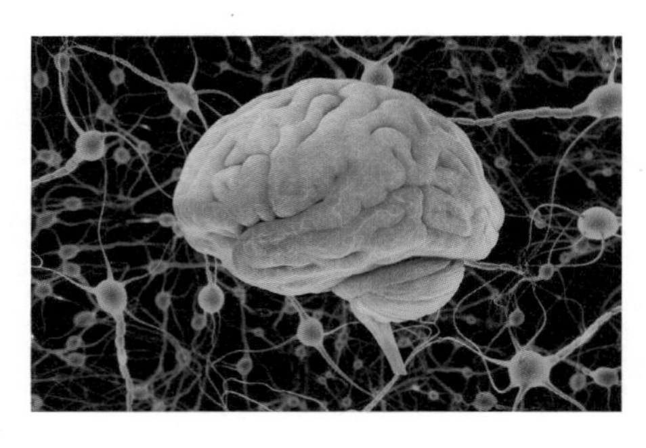

영양이 기본을 받쳐주지 않는다면 건강한 뇌세포를 만들기란 어렵다.

그렇다면 건강한 뇌세포는 어떻게 만들 수 있을까. 바로 영양적으로 균형 잡힌 식사를 하는 것이며 시계 방향 플레이트는 건강한 뇌세포를 만드는 방법이기도 하다. 반대로 균형 잡힌 식사를 하지 못하면 뇌세포는 손상을 입는다. 명상을 하고 자기계발 책을 읽고 운동을 해도 영양이 기본을 받쳐주지 않는다면 건강한 뇌세포를 만들기란 어렵다는 이야기다.

'시냅스(synapse)' 개수의 차이가 곧 능력의 차이다

나이가 들어도 여러 분야에 왕성하게 도전하며 인생을 개척해나가는 사람이 있다. 반대로 삶에 대한 의욕이 시들어버리는 사람도 있다.

당신은 어떤 사람인가. 아마도 대부분이 후자에 해당할 것이다. 어쩌면 이는 자연스러운 현상이다. 태어났을 때 140억 개였던 뇌의 신경세포는 생후 두 달까지 계속 늘어나고, 그 후부터는 신경세포의 무게도 늘어난다. 뇌의 신경세포만 놓고 본다면 세 살까지 80%, 여섯 살까지 90%, 스무 살이 되면 100% 완성된다. 하지만 스무 살이 넘어가면 뇌의 신경세포는 1초에 한 개씩 죽기 시작한다. 하루에 약 10만 개가 죽는다고 치면 1년에 3,650만 개, 10년에 무려 3억 6,500만 개가 줄어드는 셈이다.

신경세포가 줄어들면 당연히 사고력이 감퇴한다. 사고를 관장하는 부위기 때문이다. 뇌의 신경세포는 대부분 세 살 무렵까지 급속도로 성장하며, 이러한 성장을 뒷받침하는 것이 바로 유소년기의 경험이다. 특히 양육자가 아이와 시간을 어떻게 보내느냐에 따라 신경세포의 증가세가 차이 난다는 것은 의학적으로도 이미 밝혀졌다. 신경세포의 수를 늘려주는 가정환경에서 자란 사람일수록 뛰어난 능력을 가지게 된다는 것이다.

하지만 신경세포의 개수만으로 우리의 능력이 결정되는 것은 아니다. 오히려 그다음이 더 중요하다. 65쪽의 도표를 한번 보자. 신경세포에 다리가 뻗어 나와 있고, 그 끝에 안테나처럼 생긴 것이 수없이 달려 있다. 전문 용어로는 그 다리를 '수상돌기'라 하고, 안테나 부분을 '시냅스'라고 한다.

시냅스라는 안테나는 옆에 있는 신경세포의 시냅스와 마치 손을 맞잡듯이 연결되어 서로 정보를 교환한다. 시냅스의 개수가 많은 사람일수록 정보 전달 속도가 빨라지고, 그 결과 사고력이 향상되는 것이다. 시냅스는 나이와 상관없이 얼마든지 개수를 늘릴 수 있다. 다만 조건이 따른다. 시냅스의 수를 늘리려면 즐거운 자극이 필요하다.

'마음에 안 들어', '하기 싫어', '귀찮아', '재미없어' 같은 부정적인 감정이 작용할 때는 아무리 노력해도 시냅스의 수를 늘리지 못한다. 하지만 반대로 '즐거워', '재미있어', '좀 더 하고 싶어', '더 배우고 싶어' 같은

뇌세포는 한없이 늘어나지 않는다

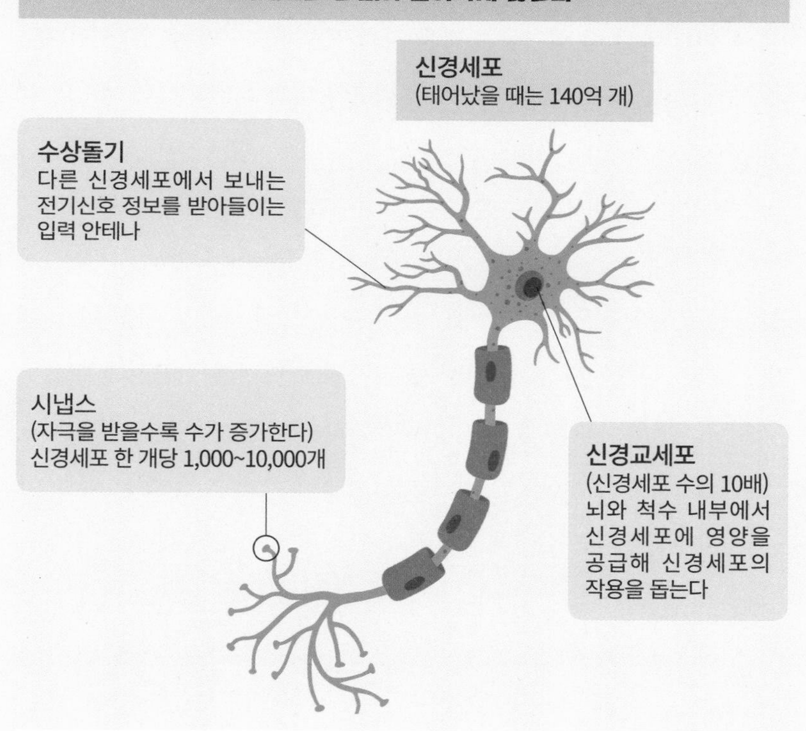

- **뇌의 신경세포는 1,000억~2,000억 개**
- **태어났을 때 140억 개인 신경세포는 생후 2개월까지 개수가 늘어나고, 그 후로는 무게가 증가해 20세에 100% 완성된다.**
- **뇌 중량이 증가하는 것은 신경세포가 커지고 세포 간 네트워크가 증가하기 때문이다.**
- **신생아의 뇌 중량은 400g(5세까지 급속히 성장)→성인의 뇌 중량 1,200~1,400g**
- **신경교세포는 40~50세까지 증가한다(천재는 그 수가 많다).**

뇌 신경세포는 20세 이후부터 하루에 10만 개씩 감소!

긍정적인 감정이 작용하면 시냅스의 수가 점점 늘어난다.

하나의 신경세포에서 시냅스가 1,000개 달린 사람과 1만 개 달린 사람 중 어느 쪽이 더 뛰어난 능력을 지닐지는 누구나 알 수 있다. 안테나의 수가 늘어날수록 뇌의 정보 네트워크가 더욱 치밀해지고 속도도 엄청나게 증가하기 때문이다.

예를 들어 빨간색 패널 한 장을 보여주었을 때, 안테나의 수가 적은 사람은 '붉다'라는 것밖에 느끼지 못하지만 안테나가 많은 사람은 '정열', '사랑', '장미꽃', '와인', '페라리', '원피스', '플라멩코', '불', '피', '생명', '승리', '갓난아기', '책가방' 등 다양한 이미지를 한순간에 떠올릴 수 있다. 이러한 뇌의 기능 차이가 곧 능력의 차이로 나타나는 것이다.

하나를 가르치면 하나만 알아듣는 사람이 되느냐, 열 혹은 백을 아는 사람이 되느냐는 신경세포의 개수 그리고 시냅스의 개수에 따라 결정된다. 이것은 매우 큰 차이이다. 예를 들어 신경세포 140억 개가 있다고 하면, 신경세포의 시냅스가 한 개만 늘어나도 능력이 140억 단위로 차이 나게 된다.

신경세포의 수는 성인이 되면 더 이상 늘릴 수 없다. 스무 살이 넘어가면서부터는 줄어들기만 한다. 그렇기 때문에 신경세포가 아닌 시냅스의 수를 얼마만큼 늘리느냐에 따라 인생이 달라진다. 나이를 먹을수록 더욱 적극적으로 삶을 즐기는 사람은 이처럼 시냅스의 수를 매일 부지런히 늘리고 있는 셈이다.

사람의 능력을 결정하는 것은 도파민의 양이다

그런데 한 가지 문제가 있다. 나이를 먹으면 먹을수록 시냅스의 수를 늘리기가 어렵다는 점이다. 사람은 나이를 먹으면 그만큼 지식도 늘어난다. 하지만 자기 능력의 한계를 느끼기도 하고, 새로운 일에 도전할 의욕을 잃어버리기도 한다. 무언가를 더 배우고 싶다거나 도전해보고 싶은 마음이 잘 생기지 않게 되는 것이다. 결국 이러한 장벽에 가로막혀 좀처럼 시냅스의 수를 늘리지 못하게 된다. 이 장벽을 부수려면 어떻게 해야 할까?

도파민이라는 호르몬을 분비시켜야 한다. 호르몬은 신체 작용을 조절하는 내분비물로 정보를 전달하는 작용도 한다. 그중에서도 뇌에 작용하는 호르몬을 '신경 전달 물질'이라고 부르는데, 신경 전달 물질은 종류가 매우 다양하며, 종류에 따라 작용하는 방법에서도 차이가 난다. 도파민은 '행복을 기억하는 쾌감 호르몬'이자 '삶의 의욕을 만드는 호르몬'이기도 하다. 연애할 때 두근두근 설레고 흥분과 쾌감을 느끼는 이유도 도파민이 작용하기 때문이어서 '연애 호르몬'이라 부르기도 한다.

이러한 도파민이 뇌에 다량 분비되면 쉽게 '쾌감'을 느끼고, 사고도 긍정적으로 바뀐다. 그러한 상태에서 새로운 지식을 추구하거나 이제껏 해보지 않은 일에 도전하면 즐거움이 배가 되고, 그 결과 시냅스의 수도 점점 더 늘어난다. 즉, 도파민이 분비되어야만 시냅스의 수를 늘릴 수 있는 것이다.

반대로 도파민이 분비되지 않으면 시냅스의 수를 늘리지 못한다. 도파민의 양이 사람의 능력을 결정한다고 해도 좋을 만큼 도파민은 매우 중요한 호르몬이다.

사람을 행복하게 하는 도파민을 증가시키는 음식

그렇다면 도파민을 증가시키기 위해 무엇을 해야 할까.

무엇보다 도파민의 재료가 되는 음식을 섭취해야 한다. 도파민의 재료는 단백질이다. 입을 통해 들어온 단백질 가운데 일부가 장에서 L-페닐알라닌이라는 아미노산으로 분해되고, 이것이 다시 L-티로신이라는 아미노산으로 바뀌는데 이 과정에서 철분이 사용된다. 즉, 도파민을 만들려면 우선 양질의 단백질과 철분이 필요한 것이다.

참고로 L-티로신이 풍부한 음식으로는 가다랑어, 죽순, 낫토, 아몬드, 참깨, 견과류, 바나나, 아보카도 등이 있다. 이런 음식을 자주 섭취해 L-티로신의 양을 늘리면 도파민 분비량도 늘릴 수 있다. L-티로신이 L-

L-티로신이 풍부한 음식으로는 가다랑어, 죽순, 낫토, 아몬드, 참깨, 견과류, 바나나, 아보카도 등이 있다. 이런 음식을 자주 섭취해 L-티로신의 양을 늘리면 도파민 분비량도 늘릴 수 있다.

도파로 변환되고 L-도파가 다시 도파민으로 전환되는데, 이 과정에 필요한 것이 비타민 B6다. 비타민 B6는 참치, 가다랑어, 연어, 바나나에 많이 들어 있다. 생선, 돼지고기, 닭고기, 난류, 동물의 내장(간, 콩팥) 등의 동물성식품을 비롯하여, 현미, 대두, 귀리 등에도 들어었다.

내용을 한번 정리해보자. 도파민 분비에 필요한 영양소는 양질의 단백질, 철분, L-티로신, 비타민 B6다. 이들 가운데 어느 하나라도 부족하면 도파민을 만들 수 없다. 시냅스의 수를 늘려 능력을 향상시키고 싶다면 이러한 영양소를 매일 충분히 섭취하는 것이 중요하다. 시계 방향 플레이트에도 여기에 소개한 식재료를 적극적으로 활용하기 바란다. 나 역시 아보카도나 낫토, 연어를 일주일에 최소 서너 차례 먹고 있다.

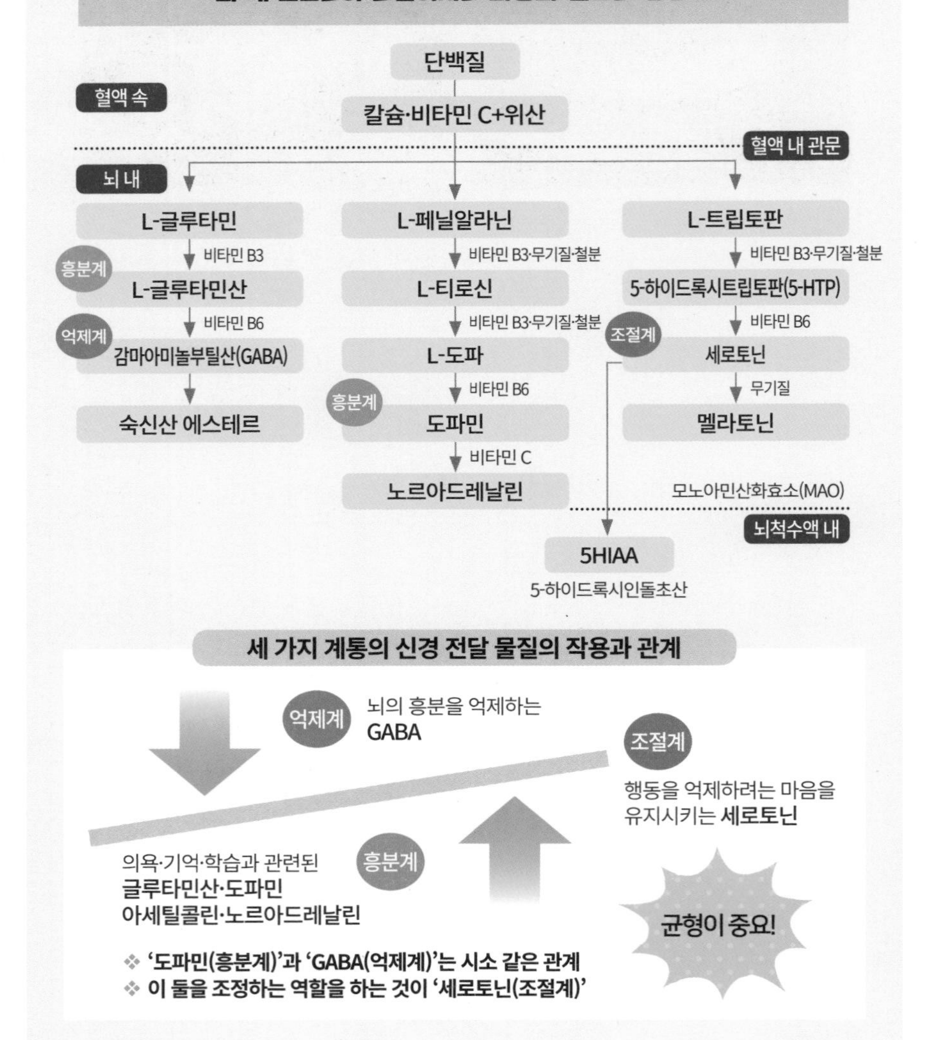
뇌 내 호르몬이 만들어지는 과정과 필요한 영양소
단백질
혈액 속
칼슘·비타민 C+위산
혈액 내 관문
뇌 내
L-글루타민
비타민 B3
흥분계
L-글루타민산
비타민 B6
억제계
감마아미놀부틸산(GABA)
숙신산 에스테르
L-페닐알라닌
비타민 B3·무기질·철분
L-티로신
비타민 B3·무기질·철분
L-도파
비타민 B6
흥분계
도파민
비타민 C
노르아드레날린
L-트립토판
비타민 B3·무기질·철분
5-하이드록시트립토판(5-HTP)
비타민 B6
조절계
세로토닌
무기질
멜라토닌
모노아민산화효소(MAO)
뇌척수액 내
5HIAA
5-하이드록시인돌초산
세 가지 계통의 신경 전달 물질의 작용과 관계
억제계
뇌의 흥분을 억제하는
GABA
조절계
행동을 억제하려는 마음을
유지시키는 세로토닌
의욕·기억·학습과 관련된
글루타민산·도파민
아세틸콜린·노르아드레날린
흥분계
균형이 중요!
❖ '도파민(흥분계)'과 'GABA(억제계)'는 시소 같은 관계
❖ 이 둘을 조정하는 역할을 하는 것이 '세로토닌(조절계)'

사람의 성격을 결정하는 네 가지 호르몬

사람들은 성격에 따라 저마다 다른 방식으로 살아간다. 누구나 지금보다 더 나은 삶을 살길 바라지만, 성격이 그러한 바람을 방해할 때가 있다. 반대로 어떤 성격은 새로운 일에 끊임없이 도전하는 정신을 만들어주기도 한다. 이런 성격을 결정하는 것이 바로 호르몬이다.

'성격을 바꾸기는 어렵다'고 생각하는 사람이 많지만, 사실 불가능한 일도 아니다. 호르몬의 분비를 변화시키기만 하면 되며 바꾸는 방법도 매우 쉽다. 영양을 골고루 섭취하면 자연히 호르몬의 분비도 바뀌기 마련이다. 성격을 결정하는 것은 네 가지 호르몬으로, 이들 호르몬의 비율에 따라 성격이 바뀐다.

- 도파민 : 행복을 기억하는 호르몬, 삶의 의욕을 만드는 호르몬
- 세로토닌 : 긴장 완화 호르몬, 정신 안정 호르몬, 행복 호르몬
- 테스토스테론 : 남성 호르몬, 투쟁 호르몬
- 에스트로겐 : 여성 호르몬, 모성 호르몬

이 네 가지 호르몬은 전부 우리 몸 안에서 분비된다. 소량이기는 하지만 남성의 몸에서도 여성 호르몬이 분비되며, 여성의 몸에서도 남성

호르몬이 생성된다. 다만 분비되는 양은 사람마다 달라 어떤 호르몬이 더 강하게 작용하는가에 따라 그 사람의 성격적 특징이나 사고방식이 달라지는 것이다.

이러한 호르몬의 비율은 먹는 음식이 좌우한다. 우리가 먹는 음식이 호르몬을 만드는 재료가 되기 때문이다. 즉, 호르몬의 비율에 따라 앞으로 우리가 어떤 모습으로 어떻게 살아갈지가 결정된다. 바꾸어 말하면 먹는 음식이 삶의 질을 결정한다는 뜻이다.

도파민은 10년마다 10%씩 감소한다

멋진 삶을 사는 사람들이 있다. 누구에게나 호감을 사며, 능력이 뛰어날 뿐 아니라 경제력까지 갖춘 사람들. 이렇듯 성공한 인생을 사는 사람들에게는 공통점이 있다. 지금의 내 모습에 만족하며 하루하루를 즐겁게 산다는 것이다. 그리고 그러한 마음가짐의 바탕에는 도파민의 분비가 자리하고 있다.

도파민은 의욕을 향상시키고 강한 동기를 부여하는 작용을 한다. 시냅스의 수를 늘리는 힘도 있다. 하지만 도파민의 분비량은 10년마다 10%씩 감소한다. 이 또한 자연스러운 변화이다.

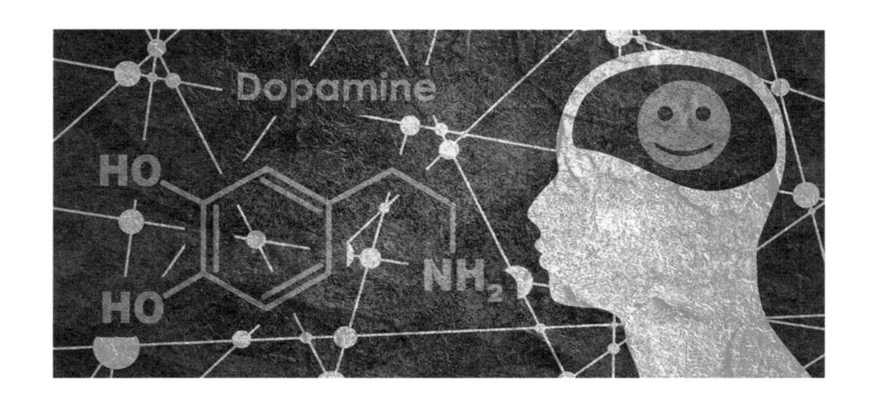

어릴 적에는 호기심이 왕성해서 무슨 일이든 "나도 해 볼래!"라며 적극적으로 나섰던 아이도 십 대가 되면 예전처럼 적극적으로 나서려 들지 않는다. 물론 여전히 초롱초롱한 눈으로 공부나 동아리 활동에 열성적으로 임하지만, 그마저도 이십 대가 되면 새로운 일에 도전해보고 싶은 마음 자체가 줄어들고 '해야만 하는 일'이나 '노력해야 하는 일'이 늘어난다. 삼십 대가 되면 회사나 배우자에게 '억지로 강요당하는' 기분이 강해지고, 사십 대가 되면 '내가 고작 이 정도였나' 싶은 마음도 든다. 그리고 오십 대가 되면 앞날에 대해 고민하는 사람들이 늘어나고, 육십 대나 칠십 대가 되면 자극이 될 만한 일이 줄어들고 의욕도 상실하게 된다.

이처럼 나이를 먹을수록 의욕이 점차 떨어지는 현상은 도파민의 저하와도 관련이 있다. 하지만 나이를 먹어도 도파민이 우위를 점하는 사람들이 있다. 도파민이 바닥나 버리는 사람과 끊임없이 분비되는 사람, 그 차이는 바로 영양 섭취 방법에서 비롯된다.

도파민 사이클을 만들자

도파민은 매우 큰 특징이 하나 있다. 바로 '기간 한정 호르몬'이라는 점이다. 도파민은 의욕을 고취시키는 작용을 하기에 목표나 꿈을 이루기 위한 노력을 시작하는 순간 다량으로 분비된다. 하지만 그 목표를 달성하고 나면 순식간에 바닥이 나고 만다.

이처럼 도파민이 분비되는 기간은 대략 6개월에서 길어야 3년 정도다. 도파민은 한번 바닥이 나면 한층 더 높은 목표가 생길 때까지 분비되지 않는다. 그리고 도파민이 거의 분비되지 않는 상태가 되면 '아무렇게나 살면 되지 뭐' 같은 감정에 사로잡히게 되고, 완전히 연소된 것처럼 어떤 일에도 의욕을 느끼지 못한다.

이러한 격차가 삶의 피로를 느끼게 하기 때문에 도파민은 다루기 힘든 호르몬이기도 하다. 늘 이전보다 더 높은 목표를 세워야만 분비되는지라 성공을 거둘수록 도파민이 잘 분비되지 않기 때문이다. 젊은 나이에 큰 성공을 거둔 사람일수록 새로운 목표를 찾기도 어려운 법이다.

그런 사람일수록 목표 잡기가 어려워 '이 정도면 되겠지? 그렇게 하려면 차라리 안 하는 게 나아'라며 멈추어버리는 경우가 많다. 얼마나 안타까운 일인가.

이런 상태에 빠졌을 때는 어떻게 해야 할까. 도파민은 보상이 주어질수록 잘 분비된다. 따라서 목표를 성취할 때마다 스스로에게 상을 내리는 것이 좋다. 금전적인 보상이나 어떤 지위, 휴식 등 원하는 보상은 사람마다 다를 것이다. 하지만 원하는 보상이 무엇이든 목표를 이루고 싶어 하는 마음이 도파민의 분비를 촉진시킬 것이다. 나는 이러한 성질을 활용해 도파민이 정기적으로 분비되는 주기를 만들었고, 이러한 주기를 '도파민 사이클'이라 부르기로 했다.

도파민이 분비되는 기간은 6개월에서 3년 정도다. 그러므로 먼저 목표를 하나 세우고, 그 목표를 3년 뒤에 달성하기로 마음먹는다. 그런 다음 그 목표를 이루기 위한 첫걸음으로 6개월 뒤에 달성할 수 있는 작은 목표를 세우고, 그 6개월 동안 지킬 목표도 정한다. 중요한 것은 자신에게 줄 보상을 준비해두는 것이다. 가슴을 설레게 하는 목표는 그것을 달성하는 것 자체가 큰 보상이며, 이러한 보상은 도파민의 분비량이 단숨에 늘어나게 한다.

77쪽에 나와 있는 사이클을 참고해서 한번 생각해보자.

3년 후에 이루고 싶은 큰 목표를 세우고, 이를 달성할 수 있도록 지금부터 달성 가능한 목표의 수준을 조금씩 높이며 한 칸씩 앞으로 나아간다. 이때 중요한 점이 한 가지 있다. 약속한 3년이 다가오기 전에 그다음 목표를 미리 정해두어야 한다는 것이다. 그러면 도파민이 바닥나는 일 없이 지속적으로 더 많이 분비되기 때문에 도파민 사이클을 크게 키워나갈 수 있다.

도파민 사이클을 정해 놓고 실천한다는 것은 항상 삶을 즐겁고 활기차게 살아간다는 뜻이다. 이때 전제되어야 할 것이 있다. 바로 올바른 식사다. 아무리 거창한 목표를 세워도 도파민의 재료인 영양소가 부족하면 지속적으로 분비되지 못한다. 영양을 골고루 섭취하고 자신에게 주는 상과도 같은, 눈부신 목표를 잃지 않는 이상 도파민은 평생 분비될 것이다.

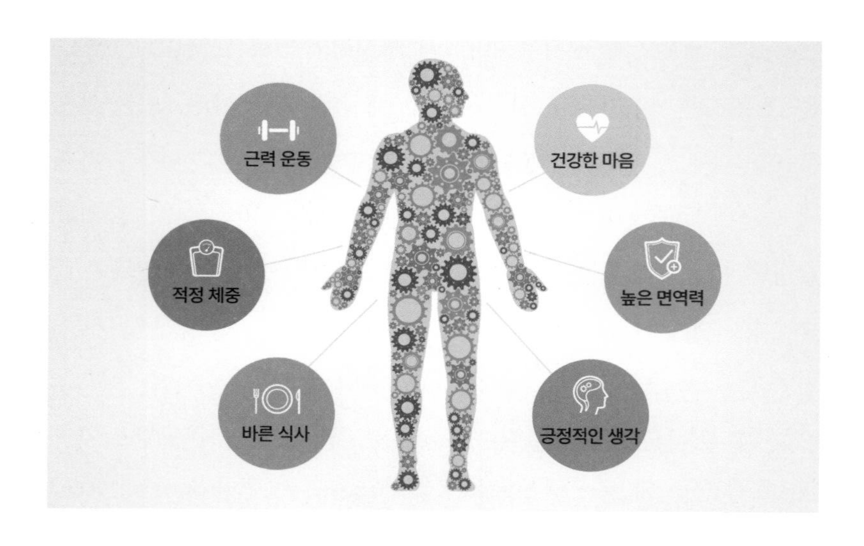

도파민 사이클은 스스로 만들 수 있다

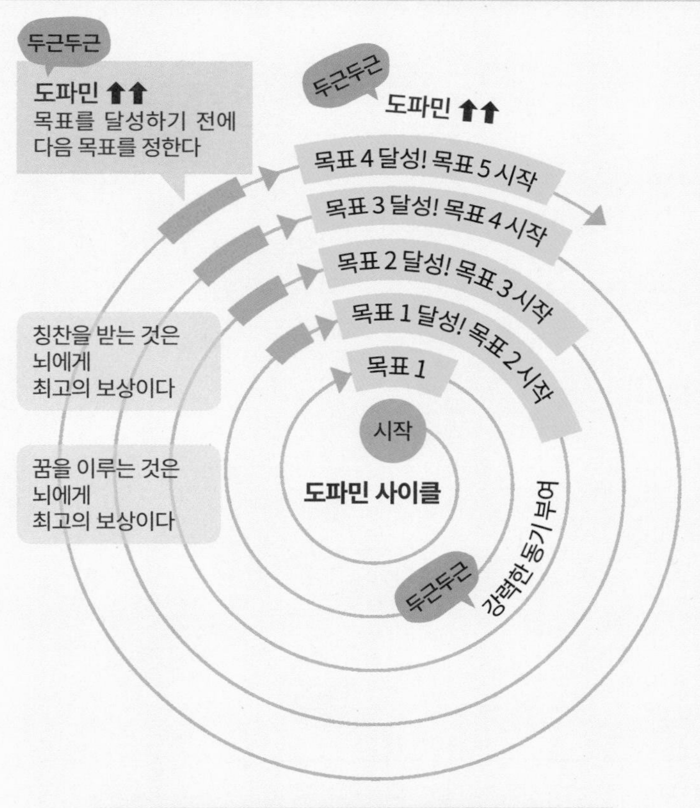

뇌의 욕구는 무한→사람의 가능성도 무한

- **뇌는 도전을 좋아한다.**
- **도파민은 목표를 설정하고 달성했을 때 하나의 주기를 마치고 두 번째 주기에 돌입한다.**
- **도파민 사이클을 만들면 도파민을 평생 지속적으로 분비시킬 수 있다.**

도파민 사이클을 만들기 위해 필요한 음식

단백질	두부, 낫토, 어패류	
철분	참치, 가다랑어, 시금치, 소송채, 톳, 건자두 등	
L-티로신	가다랑어, 죽순, 낫토, 아몬드, 참깨, 견과류, 바나나, 아보카도 등	
비타민 B6	참치, 가다랑어, 연어, 바나나 등	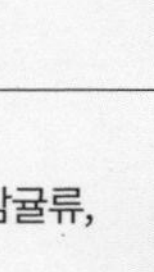
비타민 C	색이 진한 생채소, 감귤류, 딸기, 키위 등	

뇌의 욕구는 무한하다

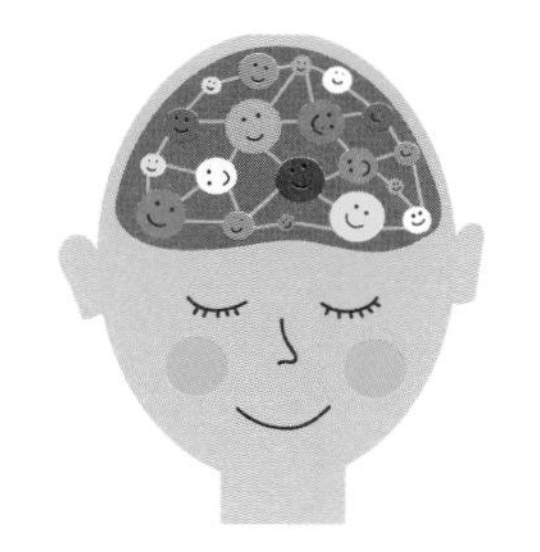

인간의 뇌는 '흥미로운 일'에 도전하는 것을 무척 좋아한다. 살다 보면 관심이 가거나 해보고 싶은 일들이 종종 있을 것이다. 그런 일 가운데 하나를 골라 목표로 삼아보기 바란다. 좋아하는 일을 목표로 삼고, 그 목표를 이루기 위해 즐겁게 노력하면 도파민이 분비된다. 도파민이 분비되면 설레는 마음이 더욱 강해지고, 설레는 마음은 강한 동기를 부여하며, 강한 동기는 목표 달성 가능성을 높인다. 그리고 첫 번째 목표를 달성하면 자신이 원하는 모습에 한 발짝 다가가게 된다. 그만큼 기분 좋은 보상이 또 있을까? 또한 원하는 것을 이뤘다면 머뭇거리지 말고 바로 다음 목표를 세워야 하는데, 그 목표는 자신의 가슴을 뛰게 하는 것이어야 한다. 그래야만 목표를 달성했을 때 느끼는 쾌감이 도파민을 더욱 분비시키기 때문이다.

뇌의 욕구는 무한하다. 도파민 사이클을 지키며 살아가는 한, 뇌는 쾌감을 느낄 수 있는 목표(보상)를 끊임없이 부여할 것이다. 이는 당신의 가능성이 무한하다는 의미이며, 이러한 도파민 사이클이 당신을 '즐거움이 넘치는 삶'으로 인도할 것이다.

원하는 목표는 사람마다 다르기 마련이므로 어떤 목표를 세우느냐는 중요하지 않다. 어떤 목표든 이루기 위해 먼저 해야 할 일은 무엇일까, 어디로 가야 할까를 생각하며 6개월 뒤에 달성 가능한 목표를 세워 보기 바란다.

수험생이라면 원하는 학교에 합격하는 것을 보상으로 정하고 성적 향상이나 영어 점수 올리기처럼 달성 가능한 목표를 세운다. 다만 원하는 학교에 합격하는 것을 최종 목표로 정하면 시험을 마치는 동시에 도파민 분비가 멈추어버리므로 앞으로 어떤 일을 하고, 어떠한 사람이 되고 싶다는 식으로 더 큰 꿈을 함께 키워나가는 것이 중요하다.

꿈은 가끔 바뀌기도 한다. 그래도 괜찮다. 중요한 점은 살면서 설레는 감정을 잃지 않는 것이다. 늘 설레는 마음으로 꿈을 향해 한 발짝씩 목표를 세워 나아가다 보면 도파민 사이클을 끊임없이 돌릴 수 있다.

통제가 필요한 도파민, 답은 세로토닌이다

즐거운 마음, 즉 '쾌감'을 관장하는 도파민은 이상적인 삶을 꾸려나가기 위해 반드시 필요한 호르몬이지만 약점도 있다. 그래서 분비를 통제하는 것이 매우 중요하다. 도파민 분비를 적절히 통제하지 못하면 자칫 폭주해서 사회성의 범위를 벗어나는 일탈 행동을 저지를 수 있다.

예를 들어 도파민형 인간은 무리를 이루는 것을 좋아하지 않는다. 자신만 즐거우면 남들이 뭐라 하건 신경 쓰지 않는 편이다. 주변에 휘둘리지 않고, 오로지 원하는 목표를 향해 꾸준히 나아가는 강인한 면이 있다.

개미와 베짱이를 예로 들자면 베짱이에 가깝다. 무슨 일이든 즐기길 원하며, 어떤 일에 필사적으로 매달리는 것을 좋아하지 않는다. 하루하루를 즐겁게 살고, 경제력도 뛰어나 자연히 지위나 명예도 딸려오므로 굳이 힘들게 노력할 필요가 없기도 하다. 다만 주변을 잘 둘러보지 못하는 만큼 추운 겨울을 대비하지 못한다. 도파민이 바닥나는 순간 완전히 연소되어 때로는 극단적인 생각에 빠지기도 한다. 한마디로 말하자면 도파민형 인간은 온리원 타입이다. 자신의 능력을 믿고 세계를 개척해나가는 매우 매력적인 인물이다.

만약 도파민형이 남성이라면 늘 새로운 자극을 추구하는 성격 탓에 여러 이성을 만날 가능성이 높다. 도파민형 남성에게 자극적인 만남과 사랑을 반복하는 것은 좋은 보상이기 때문이다. 자극을 추구하는 성격은 일에서도 발휘된다. 하고 싶은 일이 계속 바뀌는 것이 바로 그 예다. 자신이 설립한 회사가 아무리 뛰어난 실적을 거두어도 흥미가 떨어지면 다시 새로운 일을 벌인다. 정리하자면 도파민형 남성은 모든 일에 도전 정신이 왕성하다고 이야기할 수 있다.

도파민형 여성도 자극을 추구하며 삶을 즐기는 편이다. 삶의 방식도 본질적으로는 도파민형 남성과 같다. 다만 남성 호르몬인 테스토스테론이 증가하면 도파민도 함께 증가하기 때문에 도파민형 여성은 남성성이 짙고 사회적인 성공을 추구한다. 이런 도파민형 여성은 동성인 여성들에게도 인기가 많다. 언제나 도전하고 추진력 또한 있기 때문에 주변에 사람이 몰려든다.

이처럼 양면성을 가지고 있는 도파민, 이를 잘 활용하려면 도파민을 통제하는 기술을 익혀야 한다. 도파민의 약점은 다른 호르몬을 분비시키는 방법으로 보완할 수 있다. 여기서 중요한 것이 바로 '세로토닌'이다. 세로토닌은 조절계 호르몬으로, 폭주하기 쉬운 도파민을 적절히 조절하기도 하고 '행복 호르몬'으로 작용하기도 한다. 마음을 안정시키고 행복감을 높이며, 안정적이고 지속적으로 분비시킬 수 있다는 특징도 있다.

세로토닌을 분비시키는 가장 좋은 방법은 스스로 '행복하다'라고 느낄 만한 행동을 하는 것이다. 어떤 행동이든 상관없다. 특히 세로토닌은 남을 위해 무언가를 할 때 쉽게 분비된다. 세로토닌은 남을 위하는 행동을 할 때 가장 잘 분비되는 호르몬이기 때문이다. 예를 들어 다른 사람에게 상냥하게 말을 건네거나 친절하게 대하기, 봉사활동 참여, 길에 떨어진 쓰레기 줍기 등 남에게 도움이 되는 행동이라면 무엇이든 좋다. 특히 가족이나 친구 등 자신과 가까운 사람을 위하는 일을 하면 세로토닌이 더 많이 분비된다.

세로토닌은 이처럼 남을 위하는 행동을 통해 자신의 행복감을 높여주는 호르몬이다. 남을 돕겠다는 시선으로 세상을 바라보면 삶도 풍요로워지기 마련이다. 자신과 주변 사람 모두 더 큰 행복을 느끼게 되기 때문이다. 예를 들어 나는 치료가 끝난 환자분이 침대에서 일어나려고 할 때 가만히 손을 내밀어 그를 부축한다. 작은 행동이지만 환자분은 무척이나 고마워하신다. 그리고 그분들의 기분 좋은 표정을 보면 나 역시 행복해진다. 그 순간 환자분과 나의 뇌에서는 세로토닌이 분비된다.

참 멋지지 않은가. 이런 사소한 일에서 삶이 조금씩 변화할 수 있다는 것이 말이다. 그런 멋진 변화를 만들어주는 호르몬이 바로 세로토닌이다. 도파민형 인간이 세로토닌도 분비할 수 있게 되면 살면서 기분 좋은 일이 가득할 것이다.

등 푸른 생선이 '행복 호르몬'을 증가시킨다

도파민과 세로토닌은 길항 관계(서로 효과를 소멸시키는 현상)가 아니기 때문에 함께 그 양을 늘려나갈 수 있다. 그렇다면 세로토닌의 분비량을 늘리기 위해 무엇을 먹는 것이 좋을까.

70쪽을 다시 확인해보기 바란다. 호르몬의 원료가 되는 것은 양질의 단백질이다. 그리고 단백질은 장에 들어가면 'L-트립토판'이라는 아미노산으로 분해된다. 이 아미노산은 육류나 대두, 쌀, 유제품 등에 풍부하게 들어 있는데, 다만 육류나 유제품은 동물성 식품이기 때문에 포화지방산이 많이 함유되어 있다. 그러므로 육류나 유제품은 소량만 섭취하고 두부나 낫토처럼 콩으로 만든 식품을 통해 중점적으로 섭취하는 것이 좋다. 참고로 쌀은 정제된 백미보다 현미를 섭취하는 것이 좋다.

또한 L-트립토판에서 5-HTP(5-하이드록시트립토판)가 만들어지는데 이 과정에서 필요한 영양소가 비타민 B3인 '나이아신'이다. 나이아신은 가다랑어나 참치, 고등어, 전갱이 같은 등 푸른 생선에 많이 들어 있다. 돼지나 소의 간, 닭 가슴살에도 들어 있으며 명란이나 땅콩에도

풍부하다. 이 가운데 가장 좋은 것은 등 푸른 생선이다. 등 푸른 생선을 시계 방향 플레이트에 거의 매일 올리면 세로토닌이 증가해 행복감이 강한 성격으로 바뀔 수 있다.

남성 호르몬은 경쟁심을 관장한다

테스토스테론은 대표적인 남성 호르몬으로, 경쟁심이나 지배욕을 만들어내는 호르몬이기도 하다. 테스토스테론이 우세한 사람은 주변 사람을 상대로 경쟁의식을 불태우며 최선을 다해 노력하는 모습을 보인다.

테스토스테론형은 개인 사업가나 기업의 전문 경영인 또는 관리직 등 조직의 리더 역할에 잘 어울린다. 정해진 틀 안에서 어떤 일이나 상황을 바라보는 데 뛰어난 것도 이 유형의 특징이다. 도파민형 인간이 하늘에서 땅을 내려다보는 매처럼 3차원의 세계를 바라본다면, 테스토스테론형 인간은 2차원의 세계에서 자신만의 성을 쌓고 그 안에서 최고가 되려고 노력하며 살아간다고 말할 수 있다. 개미와 베짱이를 예로 들자면 개미에 해당한다. 늘 꾸준히 노력하며 추운 겨울을 대비해 열심히 일하는 개미인 셈이다. 성실하고 꾸준한 것도 테스토스테론형 인간의 성격이라 할 수 있다.

육류를 많이 섭취하면 테스토스테론이 우세해진다

테스토스테론은 남성적 특징을 형성하는 호르몬이다. 부리부리한 인상과 역삼각형 체형, 우람한 가슴, 낮은 목소리 등을 만들어내며 정력을 높이는 작용도 한다. 도파민은 남성 호르몬과 함께 분비되는 경우가 많기 때문에 도파민이 강한 사람은 테스토스테론도 강하게 분비된다. 그런데 도파민과 테스토스테론의 우위성이 역전되면 즐거운 감정보다 지기 싫어하는 경쟁 심리가 더 강해지고, 이렇게 되면 도파민형 인간으로 바뀌지 못한다.

남성에게 가장 이상적인 호르몬의 비율은 '도파민 5+테스토스테론 3+세로토닌 2'다. 도파민이 우세하지만 테스토스테론과 세로토닌도 적당히 분비되어야 건강하고 남성다움을 유지할 수 있다. 다만 테스토스테론은 서른 살에 분비량이 정점을 찍은 후 서서히 감소하는 성질이 있다. 나이가 들수록 디하이드로테스토스테론이라는 '나쁜 남성 호르몬'으로 쉽게 변질되는데 이러한 나쁜 남성 호르몬이 증가하면 성욕이 줄고, 몸에 살이 찌기 시작하며, 머리숱이 줄어드는 변화가 나타난다. 그렇다면 테스토스테론의 분비를 적당히 유지하는 동시에 나쁜 남성 호르몬으로 변질되는 것을 막을 방법은 없을까.

테스토스테론도 다른 호르몬처럼 어패류나 콩으로 만든 식품, 등 푸른 생선 같은 양질의 단백질을 원료로 사용한다. 쇠고기 같은 붉은 고기도 원료로 쓰이지만, 육류에 들어 있는 포화지방산이 혈액을 탁하게 만든다는 문제가 있기 때문에 육류는 되도록 적게 먹는 것이 좋다. 또한 아몬드 같은 견과류나 아보카도, 바나나, 양파를 섭취해도 테스토스테론의 분비량을 늘릴 수 있다.

콜레스테롤도 테스토스테론을 만드는 원료가 되는데, 콜레스테롤은 달걀, 쇠고기나 돼지고기의 비계 또는 간 같은 내장에 많이 들어 있다. 테스토스테론이 우세한 사람은 대개 많은 양의 고기를 자주 섭취한다. 육류는 테스토스테론을 증가시키는 다른 식재료에 비해 한 번에 많은 양을 섭취하기 마련인데, 이런 식습관을 지닌 사람은 테스토스테론형 성격이 두드러진다.

테스토스테론형 인간이 도파민형 인간으로 바뀌려면 일단 육류 섭취량을 줄이고, 어패류나 콩으로 만든 식품을 통해 단백질을 섭취해야 한다. 참고로 나쁜 남성 호르몬의 분비량이 증가하는 이유는 당분과 탄수화물을 너무 많이 섭취하기 때문이다. 수면 부족이나 심한 스트레스도 원인이 된다.

나쁜 남성 호르몬의 분비를 막는 영양소가 바로 아연이다. 아연은 굴, 아몬드, 표고버섯 등에 많이 들어 있다.

이러한 나쁜 남성 호르몬의 분비를 막는 영양소가 바로 아연이다. 아연은 굴, 밀배아(씨눈), 쌀겨, 메밀가루, 아몬드, 참깨, 언두부(잘게 썬 두부를 얼려서 말린 것), 대두, 누에콩, 말린 표고버섯, 녹차, 말린 톳 등에 많이 들어 있다. 또한 아연은 정자를 만드는 작용도 하므로 남성은 특히 아연을 적극적으로 섭취할 필요가 있다.

테스토스테론은 근육 속에서도 만들어지기 때문에 근력이 떨어지면 분비량이 줄어들어 나쁜 남성 호르몬을 증가시키는 원인이 된다. 그러므로 남성적인 면모를 잃고 싶지 않다면 근력 운동을 열심히 해야 한다.

여성적 특징은
여성 호르몬이 만든다

많은 여성이 남성 호르몬인 테스토스테론이 자신과 무관하다고 생각한다. 하지만 여성의 몸에서도 난소나 부신에서 남성의 10% 수준에 해당하는 테스토스테론이 분비되며 때로는 강하게 분비되는 여성도 있다.

이러한 차이는 어디에서 비롯되는 것일까. 답은 에스트로겐이 체내에서 제대로 작용하느냐 그렇지 않느냐 하는 점에 있다. 에스트로겐이 제대로 작용하는 여성은 탄력 있고 투명한 피부, 부드러운 머릿결, 도톰한 입술 등 여성성을 상징하는 외형적 특징이 두드러진다. 하지만 테스토스테론이 우세하면 외형도 남성적인 경우가 많다.

여성은 폐경을 하면 에스트로겐이 제대로 분비되지 않는다. 하지만 폐경기의 여성도 에스트로겐이 완전히 바닥나지 않게 하는 방법이 있다. 여성 호르몬은 에스트로겐 말고도 더 있는데, 평생 분비되는 양을 다 더해도 고작 한 숟갈 정도라고 한다. 매우 적은 양으로도 여성적인 특징을 만들어내는 매우 강력한 호르몬인 것이다. 그렇기 때문에 조금만 분비시킬 수 있어도 여성성을 잃지 않을 수 있다.

이를 위해서는 무엇보다 양질의 단백질을 섭취해야 한다. 특히 두부처럼 콩으로 만든 식품을 매일 챙겨 먹는 것이 좋다. 대두에 들어 있는 이소플라본은 여성 호르몬과 비슷한 작용을 하는 영양소다. 두유를 그대로 마시거나 요리에 이용하는 방법도 추천한다. 집 안에 꽃을 장식하는 것도 도움이 되는데 특히 장미꽃이 좋다. 장미향에는 게라니올이라는 성분이 들어 있는데, 이 성분은 뇌를 자극해 여성 호르몬의 분비를 촉진시킨다.

여성성을 유지하면서도 진취적으로 살고 싶은 여성은 호르몬의 비율을 '도파민 5+에스트로겐 3+세로토닌 2'로 유지하는 것이 좋다.

스트레스 호르몬을 분비시켜서는 안 된다

지금까지 인간의 성격은 네 가지 호르몬(도파민, 세로토닌, 에스트로겐, 테스토스테론)의 비율에 따라 결정된다고 이야기했다. 그런데 또 한 가지, 다른 각도에서 작용하는 호르몬이 있다. 이 호르몬은 특히 주의가 필요하다. 바로 노르아드레날린이다.

노르아드레날린은 스트레스 호르몬으로 힘든 상황에 처했을 때 많이 분비된다. 노르아드레날린이 분비되면 생각지도 못한 능력이 튀어나오기도 한다. 사람이 궁지에 몰리면 믿기 힘든 힘을 발휘하는 것도 노르아드레날린의 영향 때문이다. 위기의 순간에 초인적인 힘을 발휘하게 되는 것이다. 이러한 힘은 강하게 독촉을 받거나 반드시 해야만 노르아드레날린은 시험을 앞두는 등 스트레스가 극심할 때 많이 분비된다.

하는 상황에 몰렸을 때, 단기간 동안 집중적으로 발휘된다. 예를 들어 중요한 시험이 사흘 앞으로 다가왔을 때처럼 스트레스가 극심할 때 노르아드레날린이 다량 분비된다.

다급한 상황에서 초인적인 힘이 발휘되기 때문에 노르아드레날린이 분비되면 매우 좋은 성적을 올릴 수도 있다. 하지만 말 그대로 궁지에 몰린 상황이므로 즐거움은 전혀 느낄 수 없다. 오히려 스트레스가 극심한 상태이기 때문에 짜증과 신경질이 나는 등 정신적으로 매우 불안정해진다.

평소에 도파민이 우세하게 작용하는 사람도 매우 뛰어난 능력을 발휘한다. 하지만 이 경우는 질적인 면에서 차이가 난다. 도파민형 인간의 뇌세포에 자극을 가하면 '즐거움'이라는 감정이 작용해 시냅스가 점차 늘어난다. 그 결과 기억력도 좋아져 한번 기억한 내용은 잊어버리지 않게 된다. 하지만 노르아드레날린이 작용하고 있을 때는 뇌 안에 '불쾌함'이라는 감정이 가득하기 때문에 시냅스의 수가 증가하지 않아 기억

단맛이 강한 주스나 캔 커피, 과자, 사탕 등을 간식으로 먹는 것도 노르아드레날린을 분비시키는 습관 중 하나다.

한 내용을 금세 잊어버리고 만다.

이는 매우 큰 차이이다. 대학 입학시험을 한번 생각해보자. 즐겁게 공부하면서 시냅스의 수를 점차 늘려 합격한 학생과 노르아드레날린을 분비하며 쫓기듯이 공부한 학생은 대학에 입학한 후 점차 격차가 벌어질 것이다. 대학에서 배우게 될 더 높은 수준의 학문에 적응할 수 있는 학생은 전자다. 후자의 학생은 대학 입학이라는 목적을 달성하자마자 탈진해버려 앞으로 무슨 노력을 해야 할지 몰라 헤매기 쉽다. 노르아드레날린은 특히 누가 시켜서 억지로 하고 있다고 느낄 때 많이 분비된다. 부모가 자식에게 "어서 공부해"라고 말하면 그 순간 뇌 안에서 노르아드레날린이 분비되고 '공부는 하기 싫지만 해야 하는 것'이 되고 만다.

이제껏 계속 이야기했지만, 삶의 방식을 바꾸려면 식사를 바꾸어야 한다. 도파민은 음식을 이용해 늘릴 수 있다. 도파민이 늘어나면 시냅스가 증가하고, 뇌의 질도 향상된다. 반면 노르아드레날린을 증가시키는 음식과 식습관도 있다. 이러한 것들은 피해야 한다. 혈당치를 급격히 변화시키는 백미, 빵, 면류 등 주식에 편중된 식사 그리고 주식부터 먹기 시작하는 식습관은 노르아드레날린을 다량 분비시킨다. 특히 덮밥을 먹을 때는 먹는 방법을 주의해야 한다.

덮밥은 되도록 피하는 것이 좋지만, 덮밥을 좋아하는 사람도 많을 것이다. 밥 위에 덮밥 재료를 듬뿍 얹어 먹는 방법은 노르아드레날린의 분비를 증가시킨다. 그러므로 덮밥을 먹을 때는 샐러드나 절임 반찬 등을 곁들여 이것들부터 먼저 먹는 것이 좋다. 그런 다음에 덮밥에 든 채소를 먹고, 고기나 생선처럼 단백질이 풍부한 음식을 절반 정도 먹은 다음 남은 덮밥 재료를 밑에 깔린 밥과 함께 먹도록 한다. 또한 메뉴를 고를 때도 나쁜 남성 호르몬의 분비를 막을 수 있도록 고기덮밥보다는 해물덮밥을 선택하는 것이 좋다. 단맛이 강한 주스나 캔 커피, 과자, 사탕 등을 간식으로 먹는 것도 노르아드레날린을 분비시키는 습관 중 하나다.

주의해야 할 점이 한 가지 더 있다. 도파민은 노르아드레날린으로 변하기 쉽다는 점이다. 도파민형 성격으로 살아가던 사람이 목표를 잃으면 완전히 연소된 것처럼 모든 기력을 잃어버릴 때가 있다. 바로 도파민이 노르아드레날린으로 변해버리기 때문이다. 힘들게 얻은 도파민이 노르아드레날린으로 바뀌게 두어서는 안 된다. 이를 방지해주는 것이 바로 도파민 사이클이다. 도파민 사이클을 만들어두면 자신이 원하는 대로 즐거운 삶을 살 수 있다.

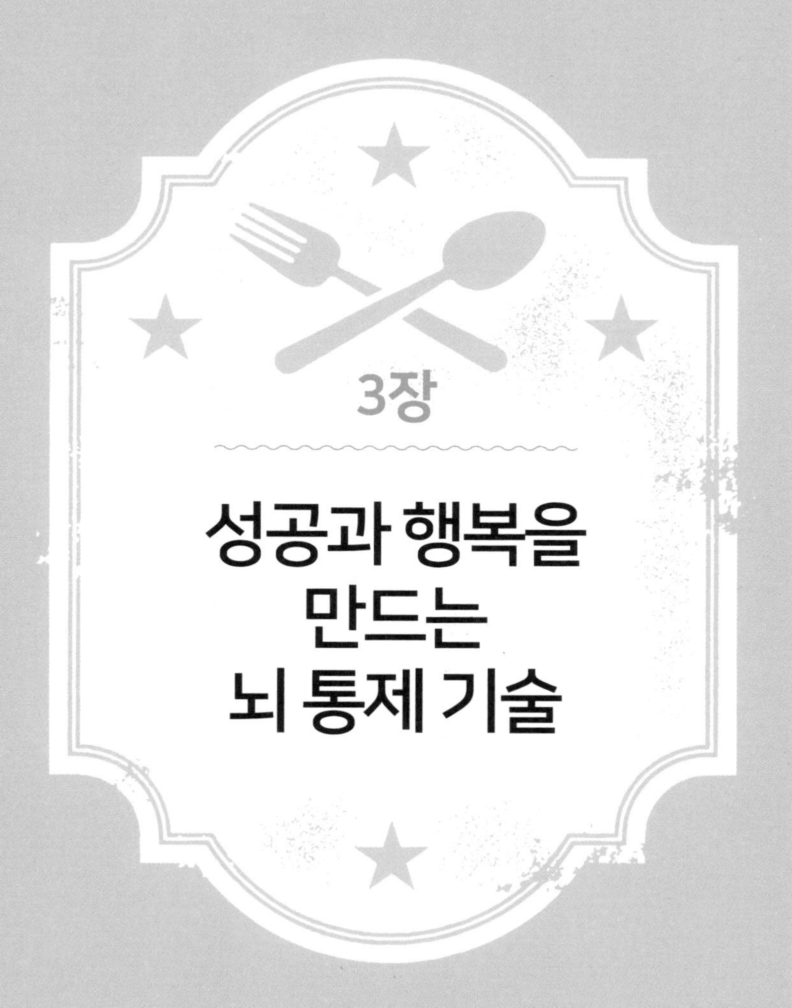

3장

성공과 행복을 만드는 뇌 통제 기술

성공에 필요한 것은 끈기만이 아니다

성공의 원천을 '끈기'라고 생각하는 사람이 많다. 하지만 지나친 노력은 오히려 스트레스 호르몬인 노르아드레날린을 분비시킨다. 다시 말하면 행복하게 성공하기 위해 필요한 것은 끈기만이 아니다. 그렇다면 무엇이 필요할까? 답은 '풍부한 감정'이다. 성공과 행복을 동시에 쥔 사람은 대부분 풍부한 감정을 지녔다. 이 또한 삶을 풍성하게 바꾸는 중요한 포인트다.

풍부한 감정은 노력할 수 있는 힘의 원천이기도 하다. 긍정적인 사고는 도파민을 분비시키고, 이는 결과적으로 노력을 '괴로운 것'이 아닌 '즐거운 행동'으로 변화시키기 때문이다. 사람들은 저마다 꿈과 목표가 있다. 하지만 모든 사람이 살면서 바라는 것은 대부분 두 가지, '성공'과 '행복'이다.

누구나 같은 것을 원하지만, 이 두 가지를 손에 넣는 사람과 그렇지 못한 사람이 있다. 그러한 차이의 본질이 무엇인지 생각해보자. 나의 감정은 어느 방향으로 뻗어 나가고 있을까? 만약 감정을 통제할 수 있다면 성공과 행복을 동시에 손에 넣는 것도 그리 어렵지 않을 것이다.

감정은 마음에서 만들어지고 마음은 누구에게나 있다. 그렇다면 마음은 과연 어디에 있을까. 마음을 막연한 존재로 여기면 이를 통제하기가 어렵다. 하지만 실체가 있는 장기로 인식하면 쉽게 통제할 수 있다. 그 장기를 움직이는 방법만 알면 된다. 그 장기는 바로 뇌다. 우리의 마음은 뇌에 존재한다.

'좋음'이 성공과 행복을 지배한다

뇌에서 특히 감정 통제와 관련이 많은 곳이 '편도체'다. 편도체는 우뇌와 좌뇌 안쪽에 각각 하나씩 존재하는 아몬드 모양의 신경세포 뭉치인데, 바로 이 부위가 감정을 판단하는 장치다. 그렇다면 어떤 감정을 판단하는 것일까.

편도체는 '좋음' 혹은 '싫음'이라는 두 가지 감정을 판단한다. 오직 이 두 가지만 판단하는 장치다. '좋음'과 '싫음'은 여러 감정 가운데 단 두

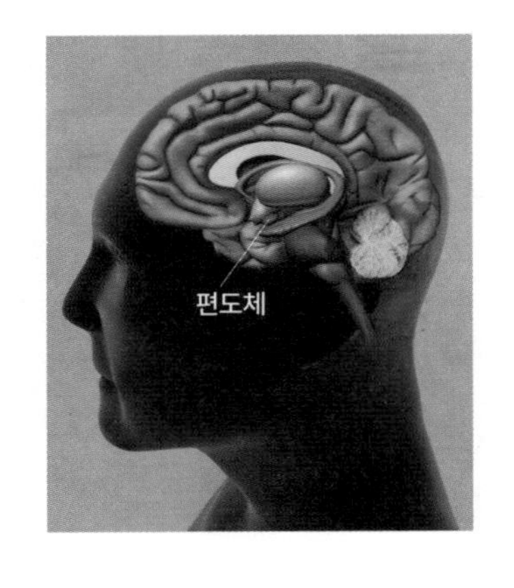

가지에 불과하지만 이 두 가지가 모든 감정의 원천이 된다. 그리고 '좋음'과 '싫음'이 성공과 행복을 지배한다.

우리에게 좋고 싫음은 본능이다. 인간에게 '좋다' 혹은 '싫다'라는 문제는 동물로 치자면 '먹을까' 혹은 '도망칠까'와 같다. 무언가를 좋아한다는 것은 동물이 무언가를 본능적으로 먹는 것과 다르지 않다. 동물에게 무언가를 먹는다는 것은 생존을 위한 행위이자 그 무엇보다도 기쁜 일이다. 사람도 마찬가지로 무언가를 좋아하는 행위에서 큰 기쁨을 느낀다. 온갖 '즐거운' 감정을 낳는 원천이 되는 것이다.

그렇기에 좋아하는 일은 즐겁고 아무리 해도 힘들지 않다. 노력하는 것 자체가 즐거우니 그만큼 시냅스의 수가 늘어나고, 저절로 실력이 붙는다. 또 좋아하는 사람이 생기면 자연스럽게 다가가고 싶어지고, 함께 있으면 기분이 좋으며, 헤어져도 금세 다시 보고 싶어진다. 음식도 좋아하는 것은 자꾸만 먹고 싶어진다.

그렇다면 '싫다'라는 감정이 작용하면 어떻게 될까. '싫다'라는 감정은 동물로 치자면 '위험하니까 도망쳐'에 해당한다. 회피 행동을 불러일으키는 것이다. '도망치고 싶다'라고 뇌가 반응해버리면 노력이 결실을 맺지 못한다. 하기 싫은 공부를 억지로 하면 아무리 해도 성적이 오르지 않는 이유가 바로 이 때문이다. 싫어하는 일에는 흥미가 생기지 않고 싫어하는 사람이 있으면 당연히 멀어지고 싶으며 싫어하는 음식을 억지로 먹으면 토하고 다시는 먹고 싶지 않다. 더군다나 '싫다'라는 감정은 노르아드레날린을 분비시켜 투쟁 본능이 깨어난다. '싫은 대상=싸워야 할 상대'가 되어버리는 것이다. 즉 싫어하는 감정은 도망치든 싸우든 어느 한쪽 행동을 유발하는 계기가 될 뿐 결코 좋은 결과를 낳는 원동력이 될 수 없다.

이 밖에도 중요한 점이 한 가지 더 있다. 바로 감정량(感情量)의 크기다. 심정적 반응이 클수록 그리고 지속시간이 길수록 감정량은 커지며, 그러한 풍부한 감정량이 성공과 행복의 근본이 된다.

'정말 싫은 것'을 확실히 정해두면 삶이 편해진다

'좋다'와 '싫다'라는 감정은 동시에 성립하지 않는다. 무언가를 접하면 편도체는 반드시 양자택일을 한다. 좋고 싫음을 명확히 판단하지 않는다 하더라도 무언가를 접하면 편도체는 그때마다 순간적으로 '왠지 좋아' 혹은 '어쩐지 싫어'라고 판단을 내린다.

하지만 어떤 일을 접했을 때 편도체가 곧바로 '싫다'는 판단을 내리게 하는 것은 우리 삶에 도움이 되지 않는다. 싫어하는 것이 많아질수록 기회가 줄어들기 때문이다. 싫어하는 일에서 도망쳐버리거나 노르아드레날린이 작용해 싫어하는 대상과 싸우려 들게 되니 말이다. 그러므로 싫어하는 것은 되도록 적은 것이 좋다.

그리 되려면 우선 '어쩐지 싫어'라는 감정을 없애는 작업이 필요하다. '어쩐지 싫으니까 하지 않을래'라고 피하는 자세는 좋지 않다. 그럼 어떻게 하는 것이 좋을까. '정말 싫어하는 것'을 정하면 된다. 진심으로 싫어하는 것을 '정말 싫다'고 확실하게 인식하는 것이다. 그렇게나 싫은 것이 있다면 굳이 애써 다가갈 필요가 없다.

자신이 '정말 싫어하는 것'이 무엇인지 인식했다면 이제는 '어쩐지 싫다'라며 그동안 피해온 것을 살펴볼 차례다. 그러면 그동안 왠지 모르게 싫어서 피해온 것들이 '정말 싫어하는 것들'에 비해 그리 싫지 않게 느껴질 것이다. 이때 인식을 바꾸면 된다. 머릿속에 '보통'이라는 카테고리를 의식적으로 만드는 것이다. 그리고 '어쩐지 싫다'라고 느꼈던 것들을 '보통'이라는 카테고리 안에 넣는다. 그러면 '보통'이라고 느끼는 것들에 큰 저항감 없이 다가갈 수 있다. 편도체라는 판단 장치에는 원래 '보통'이라는 선택지가 없다. 하지만 이러한 카테고리를 의식적으로 만들면 삶의 선택지를 넓힐 수 있다.

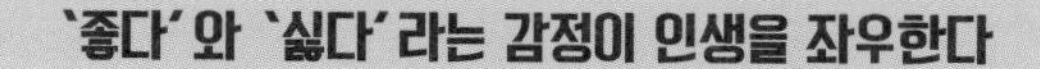
'좋다'와 '싫다'라는 감정이 인생을 좌우한다

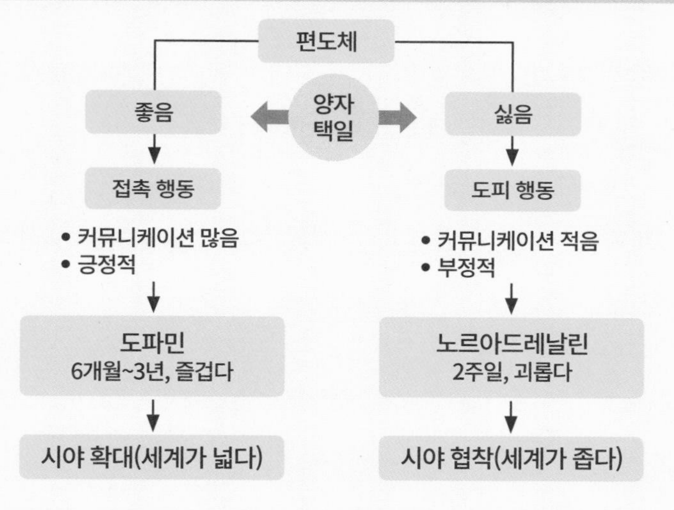
편도체
좋음
양자택일
싫음
접촉 행동
도피 행동
• 커뮤니케이션 많음
• 긍정적
• 커뮤니케이션 적음
• 부정적
도파민
6개월~3년, 즐겁다
노르아드레날린
2주일, 괴롭다
시야 확대(세계가 넓다)
시야 협착(세계가 좁다)

'정말 싫은 것'을 만들어라!

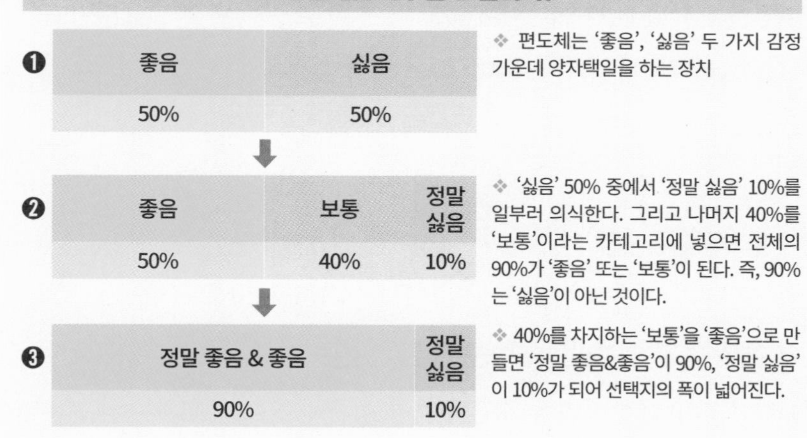
❶
좋음
싫음
50%
50%
❖ 편도체는 '좋음', '싫음' 두 가지 감정 가운데 양자택일을 하는 장치
❷
좋음
보통
정말 싫음
50%
40%
10%
❖ '싫음' 50% 중에서 '정말 싫음' 10%를 일부러 의식한다. 그리고 나머지 40%를 '보통'이라는 카테고리에 넣으면 전체의 90%가 '좋음' 또는 '보통'이 된다. 즉, 90%는 '싫음'이 아닌 것이다.
❸
정말 좋음 & 좋음
정말 싫음
90%
10%
❖ 40%를 차지하는 '보통'을 '좋음'으로 만들면 '정말 좋음&좋음'이 90%, '정말 싫음'이 10%가 되어 선택지의 폭이 넓어진다.

아이에게 "시작한 일은 끝까지 꼭 해내라"라고 가르치지 말라

101쪽의 도표를 보면 '좋음'과 '싫음'이 처음에는 각각 50%다. 50%에 해당하는 '싫음' 가운데 10%를 '정말 싫음'으로 분류하고, 나머지 40%는 '보통'이라는 카테고리에 넣는다. 이렇게 하면 '좋음'이 50% 그리고 '보통'이 40%가 되어 전체의 90%를 싫다고 느끼지 않게 된다. 그리고 '싫다'라고 느끼지 않는 것에는 도피 본능이 작용하지 않기 때문에 도전해볼 마음이 생긴다.

아이들이 악기나 그림 등을 배우기 위해 학원에 다니는 것을 예로 들어보자. 부모가 시켜서 학원에 다니기 시작했는데, 아이가 갑자기 그만두고 싶다는 말을 꺼냈다고 치자. 그러면 부모는 아이의 장래를 위해 어떻게든 학원을 계속 다니게 하고 싶어 하고, 아이는 가기 싫다며 고집을 부린다. 이런 경우 어떻게 하는 것이 좋을까. 가장 좋은 선택지는 곧바로 학원을 그만두게 하는 것이다.

"이유가 뭔데?", "왜 그러는 건데?"라며 물을 필요가 없다. 아이는 본능적으로 싫은 것뿐이다. 본능에는 다른 이유가 없다. 그럴 때는 '정말 싫어한다'라는 사실을 아이가 인식할 수 있게 해준 다음 "그렇게 싫다면 어쩔 수 없지"라며 이유를 묻지 않고 바로 그만두게 한다. 그런 다음 아이를 잘 관찰해 아이가 '정말 좋아하는 일'과 '약간 좋아하는 일' 중에서 새로운 것을 배워보게 하는 것이 가장 좋다. 간혹 아이가 무엇을 좋아하는지 알아차리기 힘든 경우도 물론 있다. 그럴 때는 '왠지 좋아할 것 같은 일'이나 '싫어하지는 않을 것 같은 일' 중에서 아이의 장래에 도움이 될 만한 것을 선택해서 배우게 하는 것이 좋다.

사람은 자신이 '정말 싫어하는 것'이 무엇인지 알고 있으면 그 밖의 것들은 그럭저럭 괜찮게 느끼기 마련이다. '보통'이라고 느꼈던 것도 차츰 좋아하게 된다. 하지만 '싫어하는 것'이 뚜렷하지 않으면 좋아하는 것과 싫어하는 것의 경계가 흐릿해진다. 또한 어떤 일을 '정말 싫다'고 명확히 인식하고 있으면서도 그 일에서 멀어지지 못할 경우, 새로운 일에 도전할 의욕이 생기지 않는다. 새로운 일에 도전하는 것이 두렵기 때문이다.

아이에게 "한번 시작한 일은 끝까지 해내라"라고 교육하는 부모들이 있다. 끈기를 길러준다고 여기기 때문이다. 하지만 이러한 교육은 아이에게 좋지 않다. 좋아하는 일은 시키지 않아도 열심히 한다. 아이가 "그만두고 싶다"고 말하는 것은 그 일을 '싫다'고 인식하기 때문이다. 그런데도 부모가 그 일에서 멀어지지 못하게 하면 아이는 다른 즐거운 일을 발견하더라도 노르아드레날린의 영향으로 겁을 먹고 새로운 일에 도전하지 못하게 된다.

"한번 시작한 일은 끝까지 해내라."

당연한 말처럼 들리지만, 어떻게 보면 인생의 선택지를 좁히는 매우 위험한 생각이다.

카리스마와 오라를 만드는 방법

'정말 좋음', '보통 → 좋음', '정말 싫음'.

편도체에서 만들어내는 이러한 기본적인 정보는 뇌의 여러 부위로 전달되어 더 복잡한 감정으로 변한다. 그러한 감정을 얼마만큼 풍부하게, 오래 유지할 수 있는지가 그 사람의 '감정량'이 된다. 감정량을 증가시키려면 더 강하고, 깊고, 뜨거운 감정이 필요하다.

성공하는 사람에게서 볼 수 있는 카리스마도 이러한 풍부한 감정에서 비롯된다. 감정이 풍부한 사람은 말과 표정에 열정이 넘친다. 말과 표정에 그 사람이 지닌 감정량이 자연스레 드러나기 때문이다. 열정이 느껴지는 말과 표정은 다른 이들의 마음을 사로잡는다. 사람들을 끌어당기고, 더 많은 사람이 주위에 모이게 한다. 즉 카리스마는 특별한 사람만이 갖춘 매력이 아니다. 감정이 풍부해지면 누구나 가질 수 있는 하나의 요소이다.

오라도 마찬가지다. 카리스마가 넘치는 사람은 "오라가 있다"라는 말을 자주 듣는데, 기운 중의 하나인 오라도 그 실체를 의학적으로 설명할 수 있다. 뇌 내 감정이 풍부하고 편도체와 밀접하게 연결되어 있으면 도파민이 다량으로 분비되는데, 도파민은 시선을 강렬하게 하고 눈이 초롱초롱 빛나게 한다. 이러한 눈빛이 보는 이로 하여금 오라를 느끼게 하는 것이다.

도파민 사이클에 맞추어 생활하다 보면 카리스마나 오라가 자연스레 몸에 배기 마련이다. 그리고 더 강력한 호르몬이 분비되기 시작한다. 바로 행복을 느끼게 하는 엔도르핀과 두근거림을 유발하는 페닐에틸아민이다. 도파민의 분비가 더욱 풍부한 감정을 만들어내는 이러한 호르몬을 불러일으키는 것이다. 이렇게 되면 스스로 실감할 수 있을 만큼 흡족한 감정이 마음속에 강하게 솟아오른다.

많은 사람이 성공과 행복, 카리스마와 오라 같은 것은 추상적이며 쉽게 얻을 수 없다고 생각한다. 하지만 이러한 것들은 전부 의학적으로 설명할 수 있을 만큼 실체가 뚜렷하다. 이러한 메커니즘을 이해하고 차근차근 실행해나가면 누구나 성공을 거둘 수 있다.

언어가 뇌에 미치는 영향은 매우 크다

도파민 사이클을 구축하는 방법은 2장에서 이미 설명한 바 있다. 그 토대가 되는 것이 바로 식사다. 충분한 에너지가 새로운 도전을 일으키는 원동력이 되고, 균형 잡힌 영양소가 도파민을 생성하는 재료가 된다. 그리고 또 한 가지 중요한 토대가 바로 '언어'이다.

도파민을 끊임없이 분비시키는 데는 언어의 힘 또한 중요하다. 편도체가 '싫다'라고 판단하는 정보가 많은 사람은 부정적인 감정에 사로잡히기 쉽다. 그리고 그런 부정적인 감정은 아무 생각 없이 꺼내는 말 또한 부정적으로 만든다. 예를 들어 시계 방향 플레이트를 실천하기 시작하면 며칠 뒤부터 몸과 마음에 일어나는 긍정적인 변화를 느끼게 되는데, 도중에 그만두면 금세 예전 상태로 돌아간다.

인간에게는 '습관화'라는 현상이 있다. 좋지 않은 몸 상태가 오랫동안 이어지면 '나이가 들었으니 별 수 있나', '원래 이랬는걸', '인제 와서 어쩌겠어'라며 나쁜 상태에 익숙해져서 이를 뇌가 당연하게 받아들인다. 하지만 시계 방향 플레이트를 실천하면 가뿐해진 자신을 보며 기쁨을 느끼고, 기쁨이라는 감정은 뇌에 강력한 영향을 끼친다. 뇌는 불쾌감보다 쾌감을 얻고자 하기 때문이다. 그리고 쾌감은 '시계 방향 플레이트를 꾸준히 실천하고 싶다'라는 생각을 자연스레 일깨운다.

그렇다면 당신은 그 이유를 "예전 상태로 되돌아가는 건 무서우니까" 아니면 "지금보다 더 멋진 내가 되고 싶으니까" 중 어떤 식으로 표현하겠는가.

어떤 식으로 이야기하든 결국 '시계 방향 플레이트를 지속해나가자'라는 생각은 같다. 하지만 전자는 노르아드레날린이, 후자는 도파민이 강하게 작용할 때 나오는 말이다. 당신이 하는 말은 뇌에 곧바로 전달되고, 뇌는 그 말에 강하게 반응한다. 부정적인 말을 하면 노르아드레날린의 분비가 촉진되는 반면 긍정적인 말을 하면 도파민이 더욱 분비된다. 의미는 같다 해도 이를 어떤 식으로 표현하느냐에 따라 뇌에 끼치는 영향이 완전히 달라지는 것이다.

우리는 성공한 사람의 명언을 듣고 큰 감명을 받을 때가 종종 있다. 하지만 다른 사람의 명언보다 자신이 일상에서 사용하는 말이 뇌에 미치는 영향이 더 강력하다. 다시 말하면 도파민을 분비시켜 긍정적인 사고를 형성하는 데는 다른 사람의 명언보다 평소에 자신이 어떤 식으로 말을 하는지가 더 중요하다는 것이다.

언어 습관을 바꾸는 방법은 매우 간단하다. 의식을 바꾸면 된다. 긍정적인 말을 반복해서 사용하면 뇌는 즉각적으로 반응한다. 특히 칭찬은 뇌에게 줄 수 있는 최고의 보상이다. 도파민은 보상을 받았을 때 분비된다. 다른 사람에게 칭찬을 듣는 것도 중요하지만, 자기 자신을 칭찬하는 것 또한 중요하다. 또 다른 사람을 칭찬하는 행위도 뇌에 좋은 영향을 끼친다.

그러므로 평소에 긍정적인 표현을 많이 쓰는 것이 좋다. 이때 단순히 형식적인 칭찬을 건네는 것이 아니라, 근거를 대며 매우 구체적으로 칭찬하는 것이 중요하다. '대단한데', '굉장해', '끝내준다', '근사하다', '아름다워', '멋져'라는 식의 한마디 칭찬은 자칫 예의상 하는 말처럼 들릴 수도 있지만, 어떤 점이 대단하게 느껴졌는지 이유를 구체적으로 말하면 상대방의 뇌와 자신의 뇌에 즉각적인 영향을 끼친다. 예를 들어 "얼마 전까지만 해도 서투른 것 같더니 벌써 이렇게 실력이 늘었어? 정말 대단해"라며 노력한 과정을 칭찬한다거나, "이러이러한 점이 정말 멋진 것 같아"라며 자신이 감탄한 부분을 구체적으로 전달하는 것이다. 이렇게 자신의 생각을 전달하는 힘도 영양소를 골고루 섭취해 뇌에 충분한 에너지를 공급할수록 더욱 향상된다.

아침 식사는 인생을 통제하는 스위치

우리의 뇌는 생물의 진화와 함께 발달해왔다. 뇌는 크게 세 부분으로 나뉜다. 뇌의 중심, 가장 안쪽에 위치하는 것이 '생명의 뇌'로 '파충류의 뇌'라고도 부른다. 어류나 파충류에도 존재하는 뇌로, 뇌의 발생 초기에 형성된 부위라고 할 수 있다. 이러한 파충류의 뇌를 덮고 있는 것이 '감정의 뇌'로 '포유류의 뇌'라고도 한다. 이 부분은 포유류의 진화와 함께 발달한 부위다. 그리고 포유류의 뇌를 덮고 있으며 뇌에서 가장 큰 부분을 차지하고 있는 부위가 '이성의 뇌'로 '인간의 뇌'라고도 부른다.

파충류의 뇌는 본능을 관장한다. 이 부분은 말하자면 생명 통제 센터로 생명을 유지하는 데 필요한 능력을 담당한다. 그 가운데 '시상하부'라는 곳이 있다. 시상하부는 호르몬의 분비를 조절하는 사령탑이며 자율신경의 작용을 통제하는 뇌이기도 하다.

자율신경이란 주로 체내 환경을 유지 · 조절하기 위해 24시간 내내 작용하는 신경을 말한다. 구체적으로는 호흡이나 심장 박동, 체온, 혈압, 발한, 소화, 배설 등을 통제한다. 자율신경에는 교감신경과 부교감신경이 있다. 교감신경은 활동할 때나 낮에 활발하게 작용하는 신경으로 자동차에 비유하면 액셀러레이터와 같은 작용을 한다. 그리고 부교감신경은 쉴 때나 밤에 작용하는 신경으로 자동차의 브레이크에 해당한다. 이처럼 정반대로 작용하는 신경이지만, 두 신경 모두 체내 환경을 균형있게 조절하는 역할을 한다.

파충류의 뇌는 가장 본능적인 부분으로 현 상태를 유지하려고 한다. 파충류와 같은 원시적인 동물에게 변화는 공포심을 낳을 뿐이다. 이처럼 변화를 싫어하는 성질은 인간의 뇌에도 그대로 살아 있으며, 절대로 바꿀 수 없는 부분이다. 자율신경의 경우 낮에는 교감신경이 우위를 점하고 밤에는 부교감신경이 우위를 점하는데 이는 변화할 수 없으며 바꿀 수 없는 작용이다. 양자가 원활하게 전환되지 않으면 몸 상태가 나빠지고, 갖가지 불쾌한 증상들이 나타나기 때문이다. 기분이 축 처지고 노르아드레날린이 분비되기 쉽기 때문에 자율신경의 균형을 잘 맞추는 것이 중요하다.

자율신경의 균형을 잘 맞추려면 아침 식사에 신경을 써야 한다. 밤 동안 우위를 점했던 부교감신경을 가라앉히는 대신 교감신경을 활성화시키는 일은 시상하부에게 꽤 쉽지 않은 작업이다. 그래서 아침에 특히 자율신경의 작용이 흐트러지기 쉬우며 아침 식사는 이렇게 흐트러지는 작용을 제대로 조절하는 작용을 한다. 아침 식사를 하는 것이 자율신경을 전환하는 스위치 역할을 하는 것이다.

시간이 없어서 아침밥을 못 챙겨 먹는다고 말하는 사람들이 있다. 실제로는 시간이 없어서 못 하는 것이 아니라 아침에 잘 일어나지 못하기 때문에 식사 시간을 따로 낼 수 없는 것이다. 아침에 눈이 잘 떠지지 않는 이유는 에너지가 부족하기 때문이다. 아침 식사를 거르는 사람은 오전 내내 기운이 없는데 자율신경의 전환이 원활하지 않기 때문에 활기차게 움직이려는 의욕이 샘솟지 않는 것이다. 우선 하루라도 시계 방향 플레이트에 맞추어 아침 식사를 해보기 바란다. 특히 철분이 풍부한 식재료가 들어가는 음식을 한두 가지만 넣어도 에너지 생성량을 크게 높일 수 있다.

에너지가 늘어나면 오전 시간에도 힘이 난다. 그러면 일이나 공부, 집안일이 즐겁게 느껴져 효율이 크게 증가한다. 아침 식사만으로 즐거운 감정이 솟아나는 것을 직접 실감해보자.

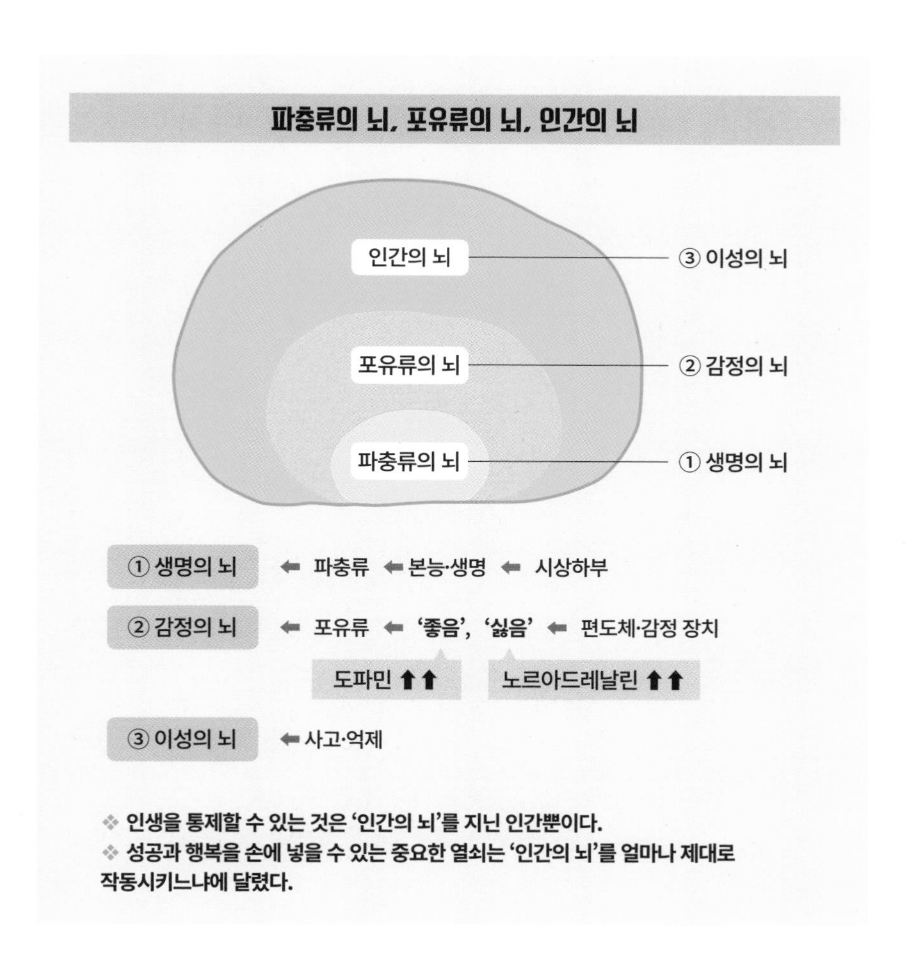

자율신경을 자력으로 조절하는 방법

자율신경과 호르몬의 작용은 연동한다. 두 가지 모두 시상하부에서 통제되기 때문이다. 활동할 때 우위를 점하는 교감신경은 긴박한 상황에 대처하기 좋은 신경인 반면 편히 쉬고 있을 때 우위를 차지하는 부교감신경은 휴식에 적합한 신경이다. 그렇기 때문에 부교감신경이 우위에 섰을 때는 느긋하고 편안한 기분이 든다.

액셀러레이터와 브레이크를 동시에 밟으면 자동차가 망가지듯이 교감신경과 부교감신경도 동시에 작용하지 못한다. 또 교감신경이 한번 우위를 점하면 그 후 두 시간 동안은 부교감신경이 작용하지 못한다. 예를 들어 콘서트를 보러 간 자리에서 심하게 흥분하면 공연이 끝난 한밤중에도 두 시간가량 흥분 상태가 지속되어 쉽게 잠들지 못한다. 인간은 부교감신경이 작용해야 잠들 수 있는데, 흥분한 상태에서는 부교감신경이 우위를 차지하지 못하기 때문이다. 이처럼 자율신경은 자신의 의식과 관계없이 작용한다. 하지만 자신의 뜻대로 교감신경과 부교감신경을 전환할 방법이 있다. 그리고 이러한 전환을 통제할 수 있으면 분비하고 싶은 호르몬을 원하는 때에 분비시킬 수 있다.

첫 번째는 심호흡이다. 교감신경에서 부교감신경으로 전환하고 싶을 때는 다음과 같은 방법으로 심호흡을 하면 된다. 방법은 간단하다. 3

초 동안 코로 숨을 들이마신 다음 6초 동안 입으로 숨을 토해낸다. 이것만 반복하면 된다.

우리가 일터에서 전투적으로 일하는 동안은 몸은 교감신경이 우위를 차지하고 있다. 그런데 이런 전투태세를 그대로 유지한 채 집으로 돌아가면 제대로 휴식을 취할 수 없다. 집은 온 가족이 편히 쉬어야 하는 곳이며, 부교감신경이 우위를 점하고 있어야만 느긋하고 편안한 분위기를 만들 수 있다.

일반적으로 교감신경에서 부교감신경으로 전환되기까지는 두 시간이 걸린다. 하지만 심호흡을 반복하면 보다 빨리 전환할 수 있다. 역에서 집까지 걸어가는 동안 심호흡을 반복하기만 해도 충분하다. 그러면 세로토닌이나 에스트로겐의 분비가 촉진돼 긴장을 풀고 편안한 마음으로 집에 들어가 가족을 만나거나 휴식을 취할 수 있다. 일하는 동안 쌓인 피로도 풀리고, 가족에게 상냥하게 대하려는 마음이 샘솟는다. 나는 가족과의 행복이란 이처럼 의식적으로 만들어나가는 것이라 생각한다. 웃는 얼굴도 교감신경에서 부교감신경으로 전환하는 스위치 역할을 한다. 웃으면 긴장이 풀리면서 편히 쉴 수 있기 때문이다.

반대로 아침이 되면 부교감신경이 가라앉고 교감신경이 활성화된다. 자율신경의 입장에서 보자면 휴식 모드에서 활동 모드로 전환하는 것인데 이는 반대의 경우보다 더 어렵다. 그래서 이러한 전환이 이루어지는 이른 아침에는 자율신경의 작용이 흐트러지기 쉽다. 이때 스위치 역할을 해주는 또 다른 하나가 바로 아침 식사다. 재차 말하지만, 하루 세 끼 가운데 가장 중시해야 하는 것이 아침 식사다. 아침 식사가 자율신경의 스위치 역할을 하고, 활동 호르몬의 분비를 촉진시키기 때문이다. 아침에 스위치 역할을 하는 것이 한 가지 더 있다. 바로 햇볕을 쬐는 일이다. 아침에 일어나면 아침 햇볕을 충분히 쬐자. 그것만으로도 세로토닌을 활성화시킬 수 있다.

지금까지 말한 네 가지 방법을 실천하면 자율신경의 전체적인 균형이 개선된다. 흐트러졌던 자율신경이 바로잡히고, 교감신경과 부교감신경의 작용이 길항하면서 향상될 것이다.

기억력은 죽을 때까지 성장한다

'감정의 뇌'는 포유류 수준의 뇌를 말한다. 편도체는 포유류의 뇌에 속한다. 좋고 싫음을 판단하고, 좋다고 판단한 것에 가까이 다가간다.

편도체의 이러한 작용도 생명을 유지하기 위한 본능 가운데 하나다. 파충류의 뇌와 포유류의 뇌의 차이점은 사랑의 유무다. 오직 포유류만이 옥시토신이라는 애정 호르몬을 지니고 있다.

파충류의 뇌에는 사랑이 없다. 옥시토신이 없기 때문이다. 새끼를 아끼는 마음도 없고, 새끼가 적의 먹이가 되어도 슬퍼하는 일이 없다. 하지만 포유류의 뇌가 되면 옥시토신이 분비되고 사랑이 생겨난다. 새끼를 낳아 기르고, 적으로부터 새끼를 보호하기 위해 최선을 다한다. 즉, 감정이 들어가는 것이다.

'해마'나 '솔방울샘'이라 불리는 뇌의 부위도 포유류의 뇌에 속한다. 본능적인 감각은 편도체, 해마, 솔방울샘에서 통제된다. 해마는 우뇌와 좌뇌의 가장 안쪽 부분에 한 개씩, 편도체 바로 옆에 자리하고 있다. 솔방울샘은 우뇌와 좌뇌 사이에 위치한 작은 기관으로 크기가 1센티미터도 채 되지 않는다. 편도체, 해마, 솔방울샘은 모두 작은 기관이지만, 본능이라는 인간의 절대적인 부분을 관장한다.

그중에서도 해마는 경험을 기억하는 장치다. 기억은 '시각', '청각', '촉각', '미각', '후각'이라는 오감을 통해 이루어진다. 오감을 통해 무언가를 경험했을 때 그것이 전부 뇌에 기억된다. 이제껏 살면서 경험한 모든 일에 대한 기억이 해마에 저장되는 것이다. 그 정보량은 매우 방대하므로 정리가 필요하다. 그래서 '잊어버리면 안 되는 정보', '기억해두고 싶은 정보', '필요할 때 떠올리면 좋은 정보', '잊어버려도 되는 정보' 등으로 나뉘게 된다.

이러한 분류는 어떤 식으로 이루어지는 것일까. 여기서 중요한 것은 감정이다. 감정의 기억은 편도체가 관장한다. 감정은 단기 기억으로 30초~1분 정도밖에 유지되지 않는다. 인간의 감정은 매우 빠르게 변하며, 차츰 잊혀진다. 단, 매우 기뻤거나 즐거웠거나 싫었거나 슬펐던 일 등에 대한 강렬한 인상은 남는다.

감정의 동요가 클수록 그때의 경험 또한 강하게 기억된다. 당시의 광경을 생생하게 떠올릴 수 있을 만큼 강렬한 기억으로 남는다. 이처럼 기억은 감정과 깊은 연관이 있다. 감정과 거의 무관한 기억은 평소에 기억하지 않아도 되는 것으로 간주되어 잠재의식 속에 저장된다.

반면 풍부한 감정이 작용했을 때는 뇌리에 강렬하게 남을 수 있도록 그 기억을 보관할 서랍을 만들게 된다. 그러한 서랍을 많이 만들 수 있는 사람일수록 두뇌가 뛰어나고 기억력이 좋다. 좀 더 구체적으로 말하자면, 공부나 일을 할 때 '즐겁다', '재미있다'라는 감정을 풍부하게 느낄수록 기억이 더 깊이 새겨진다고 할 수 있다. 도파민을 작동시켜 호기심과 탐구심 어린 시선으로 일을 대하면 편도체에 '좋다'라는 스위치가 켜지면서 감정이 크게 움직인다. 그러면 도파민이 시냅스의 수를 증가시켜 기억을 저장하는 서랍이 잔뜩 생겨나고, 그 결과 머리가 좋아지는 것이다.

뇌세포는 스무 살이 넘으면 1초마다 한 개씩 죽는다고 앞서 말한 바 있다. 단, 기억을 관장하는 해마만큼은 공부나 어떤 것을 보고, 읽고, 쓰는 경험 등을 통해 계속 성장시켜나갈 수 있다. 그러니 이를 활용하는 것이 바람직하다. 기억력이라는 재능은 죽을 때까지 키워나갈 수 있다.

'건망증'의 원인도 영양 부족이다

한 번 손상되면 회복되지 않는 것도 해마의 성질 가운데 하나다. 해마는 뇌의 가장 안쪽, 혈류가 잘 통하지 않는 곳에 위치한다. 영양이 제대로 전달되기 힘든 곳이라는 말이다.

건망증도 영양이 부족해서 일어나는 현상이다. 이름을 잘 기억하지 못하거나 중요한 약속을 깜박하거나 업무에 필요한 자료를 집에 두고 오거나 하는 등의 일이 전부 영양이 부족한 탓이다. 그러므로 '왜 자꾸만 깜박깜박하는 거지?' 하며 자신을 책망할 필요가 없다. '영양이 부족한 탓이니 영양을 제대로 섭취하자'라고 생각하자.

교사나 부모가 준비물이나 소

지품을 잘 챙기지 못하는 아이를 혼낼 때가 있는데, 그래서는 안 된다. 물건을 자꾸만 깜박하는 이유가 영양이 부족해서일 수도 있기 때문이다. 그런데도 "네 물건인데 네가 알아서 챙겨야지!"라며 화를 낸다거나 칠칠치 못한 아이 취급을 해버리면 아이의 뇌는 노르아드레날린으로 가득 찬다. 아이의 장래를 생각한다면 잘못된 방법을 사용해서는 안 된다. 아이에게 화를 내는 대신 해마에 필요한 영양소가 풍부한 음식을 먹이고 도파민이 분비될 수 있는 환경만 만들어주면 아이를 혼낼 이유가 없어진다.

요즘은 업체에서 생산한 간편식으로 식사를 해결하는 가정이 많아졌다. 하지만 중요한 식사를 소홀히 하다 보면 아이의 능력을 키워주지 못할 뿐만 아니라, 아이의 의욕마저 떨어뜨리게 된다.

감칠맛을 내는 성분이 기억력을 향상시킨다

해마의 작용을 돕는 영양소가 있다. 바로 '글루타민산'이다. 글루타민산은 '해마의 신경 전달 물질'로 뇌 안에서 작용한다. 글루타민산은 감칠맛을 내는 성분 가운데 하나로, 다시마 같은 해조류나 표고버섯, 등푸른 생선, 배추, 토마토 등에 많이 들어 있다. 이런 식재료를 시계 방향 플레이트에 적극적으로 활용하는 것이 좋다.

일상생활 속에서 해마의 작용을 향상시킬 수도 있다. 첫 번째로 필요한 것은 자극적인 환경이다. 시골보다는 도시, 집보다는 밖에서 더 많은 자극을 받을 수 있다. 사회에 나가 다른 사람들과 적극적으로 어울리는 것도 중요하다. 이성을 접하고 대화를 나누다 보면 해마에도 강한 자극이 전달된다. 딱딱한 음식을 꼭꼭 씹어 먹거나 몸을 적당히 움직이고, 가벼운 다이어트를 하는 것도 해마의 작용을 향상시키는 데 도움이 된다.

시계 방향 플레이트 식사법으로 수면의 질도 향상시키자

감정의 뇌 가운데 하나인 '솔방울샘'은 수면 장치다. 사람은 수면을 통해 기억을 정착시킨다. 밤을 새워 일하거나 공부하는 사람이 많은데 잠을 제대로 자지 못하면 일의 능률이 떨어진다. 게다가 기억이 정착되지 않기 때문에 들이는 노력에 비해 머릿속에 남는 것이 별로 없다. 시험 전날 밤을 꼬박 새우는 것도 좋은 방법이 아니다. 공부한 내용을 제대로 기억하려면 충분한 수면이 필요하기 때문이다.

솔방울샘이 수면 장치가 되는 이유는 멜라토닌을 분비시키기 때문이다. 멜라토닌은 질 좋은 수면을 만들어내는 호르몬이다. 이 호르몬은 행복 호르몬인 세로토닌을 원료로 만들어지는데 세로토닌은 잠을 깨우는 호르몬이기도 하다. 아침 햇볕을 쬐면 세로토닌이 뇌 내에 분비되어 활동 체제에 돌입한다. 아침 햇볕을 충분히 쬐느냐 그렇지 못하느냐에 따라 세로토닌의 분비량이 차이가 난다. 그러다 밤이 가까워지면 아침에 만들어진 세로토닌을 원료로 솔방울샘에서 멜라토닌을 생성하기 시작하고, 멜라토닌의 분비량이 절정에 달했을 때 양질의 수면을 취할 수 있게 된다. 그러므로 숙면을 위해서는 멜라토닌의 분비량을 늘려야 한다.

최근 현대인들을 괴롭히는 우울증. 우울증은 약으로 치료하기도 하지만 식사로도 증상을 호전시킬 수 있다. 우리 병원을 찾는 환자들은 식사를 바꾸는 것만으로 사흘~일주일 만에 일상생활로 복귀하기도 한다. 우울증의 원인은 세로토닌 분비량이 감소하기 때문이다. 세로토닌 분비량이 줄어들면 행복감을 느끼지 못하며 마음도 불안정해지고 기억력도 저하된다. 또 우울증에 걸리기 전에 많은 환자가 불면증에 시달린다. 세로토닌이 부족한 상태가 지속되면 멜라토닌을 생성할 수 없게 되고, 그로 인해 숙면을 취하지 못하면 뇌가 피폐해져 점점 더 세로토닌을 분비하지 못하는 악순환에 빠진다.

그래서 우울증에 걸리면 뇌 내 세로토닌의 양을 증가시키는 약을 처

방하는데 식사로도 세로토닌을 분비할 수 있다. 이때 중요한 것이 단백질이다. 두부나 낫토를 매일 섭취하고, 신선한 생선을 매끼 먹으며, 두유를 마시는 생활을 지속하면 우울증이 호전된다. 이렇게 했는데도 나아지지 않는 환자에게는 아미노산을 주사한다. 그러면 필요한 아미노산이 100% 혈액을 통해 전달되므로 단기간에 우울증을 호전시킬 수 있다.

세로토닌의 분비량이 늘어나면 멜라토닌의 분비량도 증가해 양질의 수면을 취할 수 있다. 또 솔방울샘의 재료가 되는 영양소를 섭취하는 것도 멜라토닌의 작용을 향상시키는 데 도움이 된다. 솔방울샘의 주요 성분은 규소로 미역이나 미역 줄기, 다시마, 바지락, 대두, 바나나, 건포도 등에 많이 들어 있다.

숙면을 하지 못하고 밤에 자꾸 깬다거나 쉽게 잠들지 못하는 등 수면 장애를 겪는 사람은 양질의 단백질을 섭취하고, 규소가 풍부한 식품을 시계 방향 플레이트 식사에 적극적으로 넣자. 실제로 거의 매일밤마다 중간에 깨곤 했는데 시계 방향 플레이트 식사를 실천한 뒤로는 아침까지 한 번도 깨지 않고 푹 자게 되었다는 사람이 많다.

'인간의 뇌'를 힘껏 움직이자

뇌의 가장 바깥에 있는 '인간의 뇌'는 인간다운 행동과 사고를 낳는 뇌로 '대뇌 신피질'이라 불리는 부분이다. 논리적으로 생각하고 본능을 억제하는 '이성의 뇌'이기도 하다. 예를 들면 '포유류의 뇌'는 눈앞에 먹음직스러운 음식이 보이면 주저하지 않고 먹어치울 것이다. 만약 굶어 죽기 일보 직전이라면 새끼를 잡아먹어서라도 살려고 할 것이다. '파충류의 뇌'와 '포유류의 뇌'는 생존을 최우선으로 삼기 때문이다. 하지만 '인간의 뇌'는 눈앞에 먹음직스러운 음식이 있어도 그것을 먹어도 되는지 아닌지를 먼저 고민한다. 사랑하는 사람에게 먹이고 싶은 마음에 자신의 식욕을 억제하기도 한다.

뇌의 작용 정도를 따지자면 본능을 관장하는 부분이 압도적으로 강하다고 할 수 있다. 그러므로 가장 강한 것이 '파충류의 뇌'이고 그다음은 '포유류의 뇌', 그리고 마지막이 '인간의 뇌'다. 좀 더 고도의 사고와 능력을 발휘하려면 '인간의 뇌'를 우위에 두는 것이 좋다. 하지만 '파충류의 뇌'와 '포유류의 뇌'가 지닌 힘은 매우 강력하다. 생존을 위해 움직이는 뇌이니 당연한 일이다. 그러나 '인간의 뇌'를 우위에 둘 수만 있다면 고도의 능력을 발휘할 수 있게 된다.

'파충류의 뇌'가 우위를 점하는 동안에는 성공이나 행복이 멀어지기 쉽다. 부정적인 사고의 지배를 받기 때문이다. 본능은 변화를 싫어하기 때문에 현 상태를 유지하려 든다. 자연계에서는 생명을 위협할 수 있는 새로운 도전에 뛰어들기보다 지금의 자리에 머무르는 것이 더 안전하다고 여기기 때문이다. 이러한 본능이 깊이 자리하고 있어 '파충류의 뇌'가 우위를 점하면 무슨 일을 대하든 지금은 하고 싶지 않다고 생각하기 쉽다. 하지만 변화를 즐길 줄 알아야 새로운 일에 도전할 수 있다.

그렇다면 어떻게 해야 '파충류의 뇌'를 극복할 수 있을까. '파충류의 뇌'는 절대로 바꿀 수 없는 부분이다. 하지만 감정에 따라 움직이는 '포유류의 뇌'는 조절할 수 있다. 긍정적이고 풍부한 감정을 느끼는 것은 고도로 발달된 '인간의 뇌'가 지닌, 오직 인간만이 누릴 수 있는 특권이다. 그런 풍부한 감정을 이용하면 '포유류의 뇌'를 '인간의 뇌' 쪽으로 바짝 끌어당길 수 있다. 그러면 '포유류의 뇌'와 '인간의 뇌'를 함께 움직일 수 있게 된다.

이때 필요한 것이 바로 편도체의 '좋다'라는 스위치를 켜는 것이다. 그리고 '좋다'라는 스위치를 켜려면 도파민이 필요하다. 도파민의 분비를 촉진하는 음식을 충분히 섭취해 도파민 사이클을 구축할 수만 있으면 '포유류의 뇌'와 '인간의 뇌'를 함께 움직여 더욱 뛰어난 능력을 발휘할 수 있고 행복도 자주 느낄 수 있다. 도파민을 분비시키는 음식은 티로신이 풍부한 식품으로 가다랑어, 죽순, 낫토, 아몬드, 참깨, 견과류, 바나나, 아보카도 등이 있다.

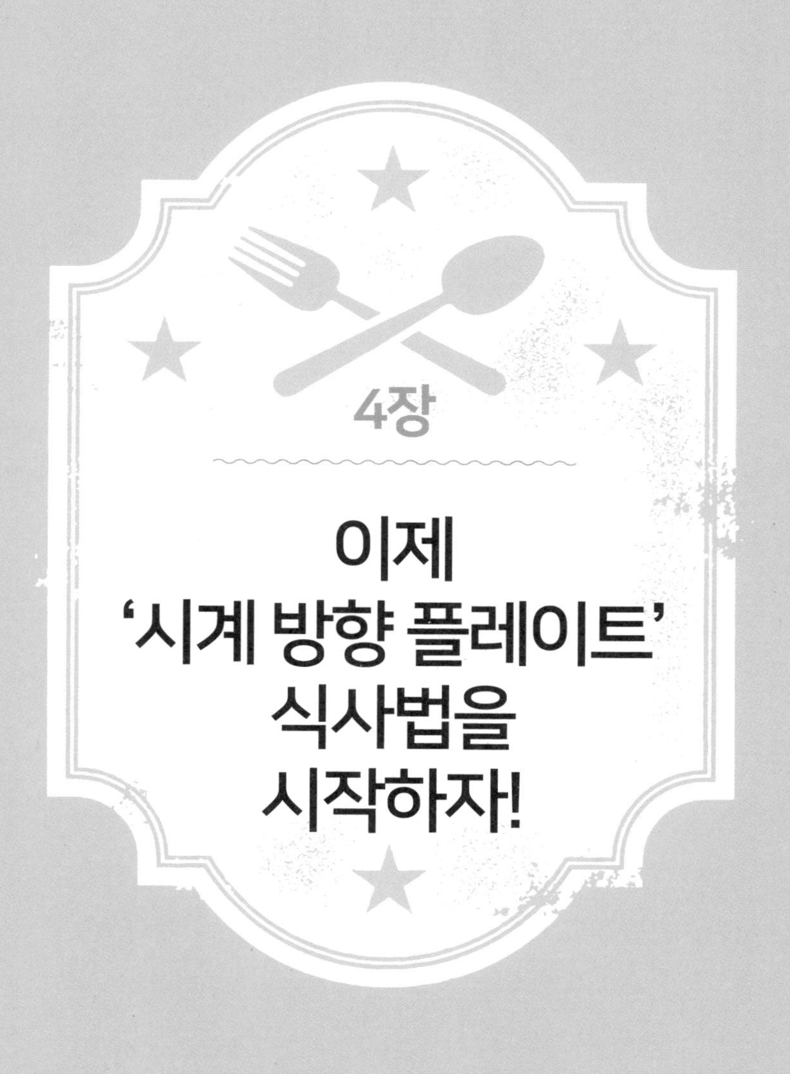

4장

이제 '시계 방향 플레이트' 식사법을 시작하자!

인생을 바꾸는
시계 방향 플레이트 식사법

이번 장에서는 '시계 방향 플레이트' 식사법을 실천하는 방법에 대해 구체적으로 이야기해보려 한다. 이 식사요법을 실천하면 여러 가지 긍정적인 변화가 일어난다. 비만한 사람은 살이 빠지고, 피부 노화가 진행된 사람은 생기를 되찾을 것이다. 푸석푸석했던 머리에 윤기가 흐르고, 흰머리도 줄어든다. 남성의 경우 남성 호르몬의 상태가 좋아져서 머리숱이 줄어드는 증상 개선에도 도움이 된다. 또한 우울증 같은 마음의 병에도 긍정적인 변화를 가져온다.

아침에 잘 일어나지 못하는 것도, 좀처럼 의욕이 생기지 않는 것도, 피로가 자꾸만 쌓이는 것도 전부 필요한 영양소가 부족하기 때문에 나타나는 증상이다. '시계 방향 플레이트' 식사법을 실천하면 이러한 증상을 쉽게 개선할 수 있다. 이 식사법을 시작하고 그동안 복용해왔던 약을 끊은 사람도 많다.

시계 방향 플레이트 식사법은 난임 환자에게도 효과적이다. 여성뿐만 아니라 남성 난임 환자도 효과를 기대할 수 있다. 영양 상태를 바로잡으면 자궁이나 난소, 정소의 상태가 개선된다. 난자나 정자의 성장 상태가 좋아지며 활동성도 높아진다. 그러므로 난임으로 고민 중인 부부는 식사부터 점검해봐야 한다.

인간은 단 하나의 난자와 정자가 만나 만들어지고, 난자와 정자에는 그 사람의 능력이나 건강의 토대가 되는 유전자가 담겨 있으며 유전자를 만드는 것은 단백질이다. 그리고 유전자의 형성 과정에는 음식으로 섭취한 영양소가 사용된다. 영양적으로 균형 잡힌 부모에게서 태어나는 아이는 잘 자랄 것이다. 부모에게서 훌륭한 유전자를 물려받을 테니 말이다. 하지만 설령 부모가 영양을 깊이 고려하지 않는 사람이었다 하더라도 아이의 미래를 바꿀 수 있다. 몸을 구성하는 세포 상태는 매일 하는 식사에 따라 바뀌기 때문이다. 오늘부터 균형 잡힌 식사를 해나가면 잠재의식 속에 잠들어 있는 우수한 능력을 스스로 끌어낼 수 있다.

한 남성의 이야기를 해보겠다. 그 사람은 나를 찾아와 "만사가 다 귀찮다"라고 털어놓았다. 사업이 순조롭지 않은 탓이었다. 극심한 스트레스로 심신이 피폐해진 그는 표정도 어두웠다. 일에서 능력을 제대로 발휘하지 못하는 것 역시 때로는 영양 부족이 원인일 수 있다. 능력이 부족하다거나 노력을 덜 했기 때문이 아니라, 영양을 골고루 섭취하지 못한 탓일 수 있다는 것이다. 그 남성에게 나는 잘못된 식습관을 바로잡는 법을 알려주었다. 밥을 밖에서 해결할 때가 많다고 하여 외식할 때 메뉴를 고르는 방법과 먹는 순서도 말해주었다. 정말 그것만 했다. 하지만 그것만으로도 그는 변하기 시작했다. 그리고 1억 엔짜리 계약을 따냈다는 소식을 전해왔다. 그 남성의 말에서는 더 이상 부정적인 어조를 찾아볼 수 없었고 자신감이 느껴졌다.

영양을 섭취하는 방법을 바꾸면 체내 환경이 바뀌어 몸과 마음이 더욱 건강해진다. 몸과 마음이 건강해지면 생활이 바뀌고, 생활이 바뀌면 생각이 바뀌고, 생각이 바뀌면 성격이 바뀌고, 성격이 바뀌면 능력이 바뀌고, 능력이 바뀌면 삶이 바뀐다.

이렇게나 중요하고 대단한 일을 사람들이 실천하지 않는 이유는 간단하다. 영양의 중요성을 깨닫지 못하고 있기 때문이다. 일단 깨닫기만 한다면 실천하지 않을 이유가 없다. 실천할 것인가, 하지 않을 것인가. 어느 쪽을 선택하느냐에 따라 삶은 전혀 다른 방향으로 나아간다.

바쁠수록 챙겨야 하는 일이 있다

"너무 바빠서 제대로 차려 먹을 시간이 없어"라고 이야기하는 사람이 매우 많다. "아침에 요리할 시간이 어디 있어"라며 과자나 빵, 우유, 요구르트 등으로 아침 식사를 해결하는 사람도 있다. 저녁 식사를 슈퍼마켓에서 산 반찬이나 도시락으로 때우는 사람도 있다. 그렇게 지내는데 어떻게 건강을 지킬 수 있을까. 너무 바빠서 시간이 없는 사람일수록 식사만큼은 더 제대로 해야 한다.

시계 방향 플레이트라면 4인 가족이 먹을 식사를 1시간, 익숙해지면 30분 만에 만들 수 있다. 1인분을 만드는 거라면 15~20분이면 충분하다. 나는 4인분을 20분 만에 만든다. 그리고 2~30분 투자로 가족 모두가 좋은 컨디션으로 서로를 대하고 건강하게 살아갈 수 있다. 그래서 바쁠수록 더, 식사를 챙기는 것이 중요하다.

보기에는 화려하게, 조리는 간단하게

책 마지막 부분에 내가 직접 만든 시계 방향 플레이트 사진을 실었다. 의사가 쓴 요리책에 실린 요리는 대부분 요리 연구가가 촬영용으로 만든 화려한 요리다. 하지만 이 책에 실린 시계 방향 플레이트 사진은 모두 내가 직접 만들어 가족들과 먹어온 가정식이다. 여기에 밥 같은 주식과 된장국이나 수프 같은 국물을 곁들인다. 꽤 화려하고 양도 충분

직접 만든 시계 방향 플레이트.
생채소는 먹기 좋은 크기로 잘라 정해진 위치에 놓기만 하면 된다. 익힌 채소는 살짝 데치기만 했다. 고기나 생선도 구운 것이 전부다. 모두 간단하게 조리한 음식으로만 구성되어 있다.

하기 때문에 아마 "이렇게 먹어도 괜찮아요?"라며 좋아하는 분도 많을 것이다.

이렇게나 다양한 식재료를 충분히 먹기 때문에 우리 몸과 뇌에 필요한 영양소를 온몸 구석구석까지 보낼 수 있는 것이다. 게다가 에너지 생성량이 증가하여 비만한 사람은 살이 보기 좋게 빠진다. 그런데 요리가 다양해 일일이 조리하기가 쉽지 않을 것이라 여기는 사람도 있을 것이다. 하지만 걱정하지 않아도 된다. 조리하는 데는 그리 오랜 시간이 걸리지 않는다. 한번 만들어보면 평소에 하는 요리보다 훨씬 편하다는 것을 실감할 것이다. 보기에는 화려하지만 조리하기는 매우 편하다. 시계 방향 플레이트는 이처럼 매우 효율적인 식사요법이다.

간혹 매일 시간을 들여 정성껏 요리하는데도 자신이나 가족들의 심신 상태가 좋아지지 않는 사람도 있을 것이다. 요리를 열심히 할수록 영양소가 파괴되기 쉽다. 가열할 때도 되도록 짧은 시간 내에 해야 영양소가 파괴되는 것을 막을 수 있다. 바꿔 말하면 시간을 들여 열심히 요리를 하는 사람일수록 영양소가 파괴된 식사를 하고 있다는 뜻이다. 이 점을 이해한 다음 내가 만든 시계 방향 플레이트 사진을 다시 한번 보길 바란다.

생채소는 먹기 좋은 크기로 잘라 정해진 위치에 놓기만 하면 된다. 익힌 채소는 살짝 데치기만 했다. 고기나 생선도 구운 것이 전부다. 모두 간단하게 조리한 음식으로만 구성되어 있다. 조리시간을 단축하고 싶다면 조리용 화로나 생선 그릴, 전자레인지를 총동원한다. 이 점도 매우 중요하다. 하지만 기본은 썰거나 데쳐서 접시에 얹는 것이 전부다.

이처럼 단순하게 조리하면 몸도 편하고 영양소 파괴도 최소화할 수 있다. 게다가 부엌에서 보내는 시간이 줄어든다. 이렇게만 해도 변화가 일어날 것이다. 식사를 준비하는 시간이 나와 내가 사랑하는 사람들의 삶을 더 좋은 방향으로 끌어나가는 행복한 시간인 셈이다.

접시에 일곱 개의 포지션을 정한다

시계 방향 플레이트 식사법은 이름처럼 한 끼에 먹어야 할 음식을 접시 하나에 시계 방향 순으로 담는 식사요법이다. 먹을 때도 12시부터 시계 방향으로 돌면서 차례대로 먹는다. 접시는 일곱 개의 포지션으로 나뉜다. 알기 쉽게 접시를 하나의 팀이라 생각하자.

팀 경기에서 어느 한 포지션이라도 빠지면 그 부분이 약점이 된다. 시계 방향 플레이트도 마찬가지다. 접시에 담은 일곱 개의 포지션을 하나도 빠짐없이 먹어야만 한 끼에 필요한 영양소를 모두 섭취해 세포 수준의 변화를 끌어낼 수 있다. 각 포지션은 다음과 같은 일곱 가지 음식으로 구성해야 한다.

제1 포지션	초무침이나 토마토처럼 신맛이 나는 음식
제2 포지션	생채소
제3 포지션	익힌 채소
제4 포지션	단백질이 풍부한 식물성 식품
제5 포지션	동물성 단백질인 메인 디시
제6 포지션	당질이 많이 든 뿌리채소
제7 포지션	과일

이 순서만 지킨다면 한 포지션에 여러 가지 음식이 들어가도 문제되지 않는다.

그렇다면 각 포지션의 순서는 어떤 식으로 결정되었을까. 핵심은 '혈당치가 급격히 변화되지 않도록 식사하는 것'이다. 혈당치가 천천히 올라갔다 천천히 내려오도록 먹어야 할 음식의 순서를 정하면, 스트레스 호르몬인 노르아드레날린이 분비되는 것을 막을 수 있다. 이 방식을 지키면 긍정적인 사고 회로를 좀 더 쉽게 만들 수 있다.

이를 위해서는 당질이 많이 든 음식을 되도록 나중에 섭취하는 것이 좋다. 채소 등으로 위를 어느 정도 채우면 포도당의 흡수 속도를 늦출 수 있으며, 혈당치의 급격한 변화를 막으면 당화도 예방할 수 있다. 많은 양의 포도당이 한꺼번에 혈액 속으로 흘러들어가지 않기 때문에 체내 단백질과 급속도로 결합하는 일이 없다. 그 결과 비만이나 노화, 당뇨병 같은 질병을 막을 수 있는 것이다.

이제 각 포지션을 좀 더 자세히 살펴보자.

Dr. 니시야마 유미식 '시계 방향 플레이트' 만들기

* 25~30cm 크기의 접시를 준비한다.
* 국물 종류나 과일을 담을 작은 그릇도 두세 개 준비하면 편리하다.

제1 포지션 | '새콤한 음식'이 에너지 생성 효율을 높인다

접시의 12시 방향에 해당하는 제1 포지션에는 '새콤한 음식'을 담는다. 식사할 때 새콤한 음식부터 먹는 것이 좋기 때문이다. 많은 양의 에너지를 효율적으로 생성하기 위해서는 TCA 회로를 작동하는 것이 좋다고 앞서 이야기한 바 있다(43쪽). TCA 회로는 '구연산 회로'라고도 한다. 포도당은 세포 내에서 피루브산으로 바뀐 다음 철분과 비타민 B군의 도움을 받아 아세틸 CoA라는 물질로 전환되어 구연산 회로로 들어간다.

이때 처음 만들어지는 물질이 구연산이다. 여기서 구연산이 만들어진 다음 차례차례 다른 물질로 변환되면서 에너지를 생성한다. 구연산은 포도당을 이용해 만들 수도 있지만, 식품을 통해 직접 섭취할 수도 있다. 구연산이 체내에 많으면 에너지 생성 속도를 높일 수 있기 때문에 식사 중에 에너지를 효율적으로 생성할 수 있도록 제1 포지션에 구연산을 배치하는 것이다.

구연산은 신맛을 내는 성분으로 식초나 매실 장아찌, 토마토 등에 많이 들어 있다. 감귤류에도 들어 있지만 과일에는 당질도 많기 때문에 과일은 맨 마지막인 제7 포지션에 놓는다. 참고로 구연산은 당의 흡수를 늦추는 작용을 해 구연산을 먼저 먹으면 식사 중에 섭취하는 당질의 폐해를 최소화할 수 있다.

그렇다면 제1 포지션에는 구체적으로 어떤 음식을 올리는 것이 좋을까. 나는 간단하게 방울토마토를 세 개 정도 놓는다. 가장 간편한 방법이기 때문이다. 우메보시도 좋다. 단, 우메보시는 다른 것을 넣지 않고 오직 매실과 소금, 술만으로 만든(또는 붉은 차조기로 물들인) 상품을 구입하기 바란다. 꿀이나 설탕 등을 넣어 먹기 좋게 가공한 상품은 당분이 많기 때문에 제1 포지션에 놓기에 적합하지 않다. 시간 여유가 있다면 '미역 오이 초무침'이나 '큰실말(해초) 초무침' 등을 직접 만들어도 좋다. 여기에도 물론 설탕 등은 첨가하지 않는다. 다시마 육수나 가다랑어 육수를 섞은 간장과 식초만으로도 충분히 맛을 낼 수 있다.

참고로 초무침처럼 물기가 많은 음식은 그대로 접시에 담을 수 없으므로 이럴 때는 접시 위에 놓을 수 있는 작은 그릇을 준비하는 것이 좋다.

시간 여유가 있다면 '미역 오이 초무침'이나 '큰실말(해초) 초무침' 등을 직접 만들어도 좋다. 여기에도 물론 설탕 등은 첨가하지 않는다. 다시마 육수나 가다랑어 육수를 섞은 간장과 식초만으로도 충분히 맛을 낼 수 있다.

제2 포지션 | 파괴되기 쉬운 비타민은 '생채소'로 섭취한다

제2 포지션에는 생채소를 놓는다. 인간은 채소나 과일을 통해 필요한 비타민이나 무기질을 섭취한다. 그런데 간혹 어떤 조리법은 비타민을 파괴하기도 한다. 특히 수용성 비타민은 물에 쉽게 녹는 성질이 있어 물에 헹구는 순간부터 외부로 흘러나와 버리므로 그때그때 필요한 양만 씻어서 접시에 담는 것이 좋다. 미리 씻어 놓으면 안 된다. 미리 씻어서 냉장고에 넣어두면 음식에 든 수용성 비타민이 죽어버린다. 죽은 영양소는 아무리 섭취해도 건강에 도움이 되지 않는다. 요즘은 샐러드를 미리 만들어두는 사람이 많은데, 미리 씻어 잘라둔 샐러드는 영양 성분이 거의 없다.

우리가 바라는 것은 세포부터 건강해지는 것이다. 시계 방향 플레이트 식사법은 식사 때마다 요리해서 곧바로 먹는 것을 하나의 원칙으로 삼고 있다. '지산지소(地産地消, 그 지역에서 생산한 농산물을 그 지역에서 소비하자는 로컬푸드 운동)'가 아니라 '일산일소(日産日消)', 즉 그날 만든 음식은 그날 전부 먹자는 것이다. 신선한 재료를 사용해 그때그때 요리해서 먹어야만 중요한 영양소들을 섭취할 수 있다.

제2 포지션은 한 끼도 걸러서는 안 된다. 수용성 비타민은 체내에 저

제2 포지션에는 생채소를 깨끗이 씻어 먹기 좋은 크기로 썰어놓기만 하면 된다.

장되지 않기 때문이다. 사용하고 남은 수용성 비타민은 소변과 함께 몸 밖으로 배출되어버린다. 수용성 비타민이 체내에 머무를 수 있는 시간은 두세 시간 정도로 알려져 있다. 그렇기 때문에 식사 때마다 반드시 챙겨 먹어야 한다. 그리고 채소는 한 가지가 아니라 가능하면 두세 가지를 함께 조리하는 것이 좋다. 가짓수를 늘린다 해도 제2 포지션에는 생채소를 깨끗이 씻어 먹기 좋은 크기로 썰어놓기만 하면 되므로 준비하는 데 1분도 채 걸리지 않는다.

양하나 차조기를 섭취해서 에너지 생성량을 늘린다

수용성 비타민으로는 비타민 B군과 비타민 C가 있는데, 비타민 B군은 주로 에너지를 생성할 때 사용된다. 1장에서 이야기한 바 있지만, 포도당에서 전환된 아세틸 CoA가 TCA 회로에 들어가느냐 그렇지 않느냐에 따라 에너지 생성량이 크게 차이가 나며, 이 과정에서 필요한 영양소가 비타민 B군과 철분이다.

비타민 B군을 많이 함유한 대표적인 식품은 어패류와 채소다. 하지만 어패류는 단백질이 풍부한 식품이기 때문에 제2 포지션에 넣기에는 너무 일러 제5 포지션에 놓는 것이 좋다. 비타민 B군은 채소 중에서 색이 진하거나 향이 강한 채소에 풍부하다. 생으로 먹을 수 있는 채소 중에서는 양하나 파슬리, 깻잎, 차조기, 물냉이, 아보카도 등에 많이 들어 있다.

나는 두껍게 채 썬 양하를 자주 제2 포지션에 놓는다. 양하를 약용식물로 생각해 요리에는 잘 사용하지 않는데 그럴 필요가 전혀 없다. 양하에는 비타민 B1이나 비타민 B2, 그리고 비타민 C도 많이 들어 있으며 철분도 함유되어 있다. 에너지 생성량을 증가시키는 유용한 채소 가운데 하나다.

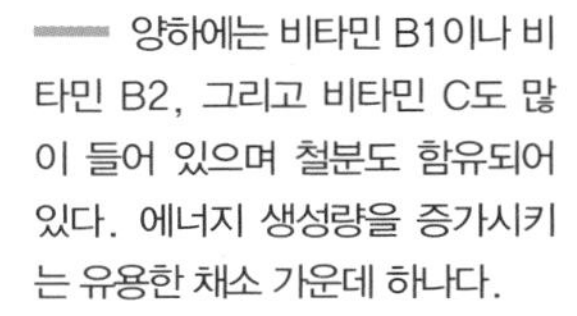

양하에는 비타민 B1이나 비타민 B2, 그리고 비타민 C도 많이 들어 있으며 철분도 함유되어 있다. 에너지 생성량을 증가시키는 유용한 채소 가운데 하나다.

깻잎이나 차조기에도 비타민 B군과 철분이 함유되어 있다. 조리하는 방법은 간단하다. 깻잎이나 차조기를 1인당 두세 장씩 준비해 깨끗이 씻어서 접시에 올리기만 하면 된다. 먹을 때 소금이나 간장을 살짝 두르면 맛있는 반찬이 된다. 참고로 나는 간을 하지 않고 그대로 먹는다.

아보카도도 자주 섭취하면 좋은 식재료다. 아보카도에는 비타민 B군 외에도 비타민 C나 강력한 항산화 작용을 하는 비타민 E가 포함되어 있다. 항산화 작용은 체내의 산화를 억제하는 작용이며, 산화는 노화의 원인이 된다. 다만 아보카도는 당질이 적어도 불포화지방산인 올레인산을 함유하고 있기에 제2 포지션에 놓을 경우 가장 마지막에 섭취하거나, 그다음 위치인 제3 포지션에 놓는 것이 좋다.

비타민 C로 피부 영양과 면역력 향상을

비타민 C는 주로 '콜라겐'이라는 단백질을 만들 때 많이 쓰이며 콜라겐은 세포와 세포를 연결하는 접착제 같은 역할을 한다. 또 세포의 결합을 강화해 피부나 점막의 탄력을 유지시키며 뼈의 건강을 증진시키는 작용도 한다.

콜라겐은 체내 단백질 가운데 약 30%를 차지하는 중요한 성분으로 피부는 콜라겐이 약 70%나 차지한다. 콜라겐이 미용 성분으로 자주 언급되는 것도 바로 이 때문이다. 하지만 체내 콜라겐은 나이가 들수록 점

생으로 먹을 수 있는 채소 가운데 비타민 C가 풍부한 것으로는 파슬리, 방울양배추, 래디시, 루콜라, 경수채, 피망, 파프리카, 토마토 등이 있다.

차 줄어든다. 그 영향으로 피부가 탄력을 잃으면서 주름이 생기고, 내장의 작용은 악화되며, 뼈도 쉽게 부러지는 것이다. 따라서 젊음을 유지하기 위해서는 체내 콜라겐의 양을 늘리는 것이 중요하다. 그러기 위해서는 양질의 단백질뿐만 아니라 비타민 C도 필요하다. 비타민 C가 없으면 아무리 단백질을 열심히 섭취해도 콜라겐을 만들 수 없기 때문이다.

비타민 C는 면역력을 높이는 작용을 하며, 노화를 예방하는 효과도 있다. 면역력은 간단히 말하면 질병을 예방하거나 질병을 낫게 하는 체내 시스템으로, 감기처럼 감염되기 쉬운 병을 예방할 뿐만 아니라 암의 발병도 억제한다. 이 시스템을 주로 담당하는 것이 혈액에 들어 있는 백혈구다. 백혈구는 여러 세포를 총칭하는 말로, 각각의 세포는 자신이 맡은 역할을 수행하면서 면역력을 향상시키는 작용을 한다. 그런 작용을 활성화시키는 것이 바로 비타민 C다.

생으로 먹을 수 있는 채소 가운데 비타민 C가 풍부한 것으로는 파슬리, 방울양배추, 래디시, 루콜라, 경수채, 피망, 파프리카, 토마토 등이 있다.

수용성 비타민의 종류와 작용

	수용성 비타민(체내 저장 불가능)
비타민 B1	피로 회복 비타민(참깨, 장어, 돼지고기, 쌀겨)
비타민 B2	미용 비타민(장어, 연어, 간)
비타민 B3	신경 안정 비타민(정어리, 가다랑어, 전갱이)
비타민 B5	대사 비타민(간, 닭 다리 살, 말린 표고버섯, 연어, 낫토)
비타민 B6	여성 필수 비타민(전갱이, 가다랑어, 참치, 마늘, 은행)
비타민 B7	피부 미용 비타민(간, 어패류, 땅콩, 달걀, 낫토)
비타민 B9(엽산)	임신 비타민(간, 유채, 멜로키아, 브로콜리, 구운 김)
비타민 B12	정신 세포 비타민(쇠고기, 닭고기, 바지락, 재첩)
비타민 C	항산화 비타민, 스트레스를 제거해 고운 피부를 유지시키는 비타민(브로콜리, 피망, 파프리카, 토마토, 키위)

세포의 손상을 막는 '파이토케미컬(Phytochemical)'

채소를 섭취하면 수용성 비타민 외에 다른 물질들도 얻을 수 있다. 그 가운데 하나가 파이토케미컬이다. 우리 체내에서는 '활성산소'라는 노화 물질이 끊임없이 발생하는데, 활성산소는 강한 산화력을 지니고 있다. 우리 몸속에 있는 세포도 활성산소에 노출되면 산화가 일어나며, 산화된 세포는 본연의 기능을 충분히 수행할 수 없을 정도로 퇴화한다. 이러한 세포의 퇴화가 신체의 여러 작용과 조직, 장기마저 노화시키는 것이다. 또한 활성산소는 암세포 발생의 원인이기도 하다.

뇌세포도 활성산소에 노출되면 산화한다. 뇌세포의 산화가 진행되면 사고력이나 기억력이 감퇴할 뿐만 아니라 호르몬의 분비가 정체되는 현상이 일어난다. 또한 뇌세포의 산화는 알츠하이머 같은 인지증을 발병시키는 요인으로 알려져 있다.

이처럼 활성산소는 세포의 건강한 활동을 방해하는 주범이다. 그래서 우리가 신경 써야 하는 것이 '파이토케미컬'이라 불리는 영양 성분이다. 파이토케미컬은 그리스어로 식물을 뜻하는 '파이토(phyto)'와 화학 물질을 뜻하는 '케미컬(chemical)'이 합쳐진 말이다.

파이토케미컬은 식물이 지닌 독특한 성분으로 활성산소를 제거하는 작용, 즉 항산화 작용을 한다. 파이토케미컬은 식물이 지닌 색, 향기 그리고 매운맛과 쓴맛을 내는 성분으로 이 네 가지가 두드러지는 채소를 먹으면 파이토케미컬 섭취량을 늘릴 수 있다. 파이토케미컬이 풍부한

파이토케미컬은 식물이 지닌 독특한 성분으로 활성산소를 제거하는 작용, 즉 항산화 작용을 한다.

채소를 먹고, 그 성분을 체내에 충분히 순환시키면 활성산소의 폐해로부터 세포를 지킬 수 있고, 노화도 막을 수 있다.

그러기 위해 먼저 채소를 고를 때 주의해야 할 점을 알아보자. 예를 들어 샐러드에 많이 쓰이는 양상추보다 적상추에 파이토케미컬이 더 많이 들어 있다. 적상추의 보라색 성분과 쓴맛을 내는 성분이 파이토케미컬에 해당하기 때문이다. 그리고 양상추는 대부분 수분으로 이루어져 있어 영양소가 거의 들어 있지 않다고 말하는 사람들이 있는데, 절대 그렇지 않다. 함유량은 적지만 비타민 C 외에도 베타카로틴이나 비타민 E, 엽산 등이 들어 있다. 엽산은 적혈구를 만들 때 필요한 영양소로 비타민 B군의 일종이다. 그래서 나는 거의 매일 양상추를 먹고 있다.

새싹채소도 파이토케미컬이 풍부한 채소 가운데 하나다. 채소 가격이 오르는 겨울철에는 새싹채소를 대신 섭취하는 것도 좋은 방법이다. 피망이나 파프리카 등도 색이 진하고 향과 쓴맛이 강한 채소다. 파이토케미컬은 물론 비타민 C도 풍부하다.

이 밖에도 채소에는 무기질이 풍부하게 들어 있다. 무기질은 체내 환경을 정비하고 에너지 생성량을 증가시키는 등 우리 몸에서 매우 중요한 역할을 담당하는 영양소다.

생채소는 간을 할 필요가 없다

보통 생채소를 어떤 식으로 먹나? 나는 간을 전혀 하지 않고 먹는다. 채소는 저마다 깊은 맛을 지니고 있다. 단맛, 쓴맛, 신맛 모두 각각의 채소가 지닌 개성이라 할 수 있다. 그리고 그 개성을 만들어내는 것이 비타민과 무기질, 파이토케미컬 같은 성분들이다. 모두 우리 몸을 세포부터 건강하게 해주는 영양소들이다. 간을 하지 않고 채소를 그대로 먹으면 그러한 영양소들의 존재를 느낄 수 있다.

사람의 혀에는 맛을 감지하는 미뢰라는 작은 기관이 약 1만 개나 있다. 미뢰는 매우 연한 맛에도 민감하게 반응한다. 하지만 워낙 작은 기관이라 맛이 강한 음식을 계속 먹다 보면 퇴화한다.

미뢰가 퇴화하면 간을 점점 세게 하게 된다. 그렇게 해야만 맛있다고 느끼기 때문이다. 샐러드에 드레싱을 잔뜩 뿌리고 싶어지는 것이야말로 미각이 둔해졌다는 증거다. 마요네즈 같은 소스는 트랜스지방이 많이 들어 있으므로 되도록 멀리하는 것이 좋다. 자세한 내용은 뒤에서 다루겠지만, 트랜스지방은 우리 몸에 들어와서는 안 되는 성분이다.

생채소는 간을 하지 않아도 충분히 맛있게 먹을 수 있다. 간을 하지 않은 채소가 맛있게 느껴져야만 미각이 회복되었다고 말할 수 있다. 하지만 강한 맛에 익숙해진 사람이 처음부터 생채소를 그냥 먹기가 쉽지 않다. 그런 사람은 먼저 굵은 소금이나 후추, 간장, 다시마 육수나 가다랑어 육수를 섞은 간장 등을 살짝 뿌려 먹으면 미각을 회복하는 데 도움이 된다.

미뢰가 본래의 기능을 회복하면 정말 맛있는 음식과 맛없는 음식을 구분할 수 있게 된다. 정말 맛있는 음식은 우리 몸을 세포부터 건강하게 해주고, 맛없는 음식은 우리 몸에 도움이 되지 않는 것은 물론 오히려 노화를 촉진시킨다. 미래를 위해 우리의 혀가 이 차이를 감지할 수 있게 만들어나가자.

어느 환자분은 생채소에 간을 하지 않고 먹기 시작한 뒤 중요한 사실을 깨달았다고 했다. 컵라면이나 레토르트 카레, 과자나 빵 같은 음식이 더 이상 생각나지 않게 되었다는 것이다. 예전에는 이런 음식으로 점심 식사를 대신하고는 했는데, 이제는 그런 식품에서 나는 인공적인 맛에 거부감이 든다고 했다. 그리고 이런 음식들을 자녀들에게 아무렇지 않게 먹였던 점을 깊이 반성했다. 부모가 영양적으로도 좋지 않고 인공첨가물이 잔뜩 들어 있는 식품을 자녀에게 먹이는 것은 자녀의 능력과 건강을 빼앗는 행위나 마찬가지이니 말이다.

제3 포지션 | '익힌 채소'로 비타민과 무기질을 충분히 섭취한다

생채소를 먹을 때는 익힌 채소가 없어도 된다고 생각하는 사람이 있는데, 이 또한 잘못된 생각이다. 생채소가 필요한 이유가 있듯이, 익힌 채소도 필요한 이유가 있다. 익혀 먹는 채소에도 비타민이나 무기질이 풍부하다. 특히 익힌 채소를 먹는 주목적은 지용성 비타민을 섭취하는 것이다.

지용성이란 물에는 잘 녹지 않지만 기름에는 잘 녹는 영양소를 말한다. 열에 강해서 가열해도 쉽게 파괴되지 않고 데치거나 쪄도 비타민이 물과 함께 빠져나갈 염려가 없다. 그러므로 지용성 비타민은 익힌 채소로 섭취하는 것이 편하다.

지용성 비타민은 하루나 이틀 정도 몸에 저장해둘 수 있지만, 수용성 비타민은 섭취한 지 두세 시간이 지나면 소변과 함께 몸 밖으로 배출된다. 그러므로 채소의 양을 '생채소 7, 익힌 채소 3'의 비율로 조정하는 것이 좋다. 만약 생채소나 익힌 채소를 모두 준비할 수 없는 상황이라면 생채소를 우선으로 하는 것이 좋다. 지용성 비타민은 하루 이틀 정도 몸에 저장해둘 수 있기 때문에 평소 익힌 채소를 충분히 섭취하고 있다면 하루 정도는 빠뜨려도 괜찮다.

지용성 비타민의 종류와 작용

	지용성 비타민(체내 저장 가능)
비타민 A	눈·피부·모발 관련 비타민(장어, 당근, 단호박, 브로콜리) 레티놀(동물성):카로틴(식물성)=1:1
비타민 D	뼈 관련 비타민(연어, 뱅어포, 연어알)
비타민 E	항산화 작용 비타민(장어, 아몬드, 단호박)
비타민 K	혈액 응고 비타민(낫토, 쑥갓, 순무, 무)

채소는 버터에 볶지 않는다

지용성 비타민은 기름에 잘 녹기 때문에 기름에 볶으면 섭취량을 증가시킬 수 있다. 문제는 어떤 기름을 사용하느냐다. 기름 중에는 우리 몸을 건강하게 하는 기름과 질병을 초래하는 기름이 있다. 시계 방향 플레이트 식사법에서는 사용하는 기름의 종류도 따진다. 세포부터 건강해지기 위해서는 기름의 역할도 중요하기 때문이다.

기름을 구성하는 주요 영양소는 지방산이다. 지방산은 포화지방산과 불포화지방산으로

나뉘는데, 포화지방산은 상온에서 굳는 성질이 있어 인체에 들어가면 혈액을 탁하게 만든다. 몸에 나쁜 콜레스테롤(LDL)이나 중성지방도 증가시킨다. 이것이 혈관을 노화시키는 원인이 되어 고혈압이나 고지혈증, 당뇨병, 비만 같은 생활습관병의 발병으로 이어지기도 한다.

이러한 포화지방산은 육류의 비계, 버터, 치즈, 베이컨이나 햄, 소시지 같은 가공육에 많이 들어 있다. 이러한 식품들은 가족의 건강을 위해 되도록 식탁에 올리지 않는 것이 좋다. 채소를 버터에 볶아 먹는 것을 좋아하는 사람들이 있는데, 시계 방향 플레이트 식사법에서는 이러한 조리법을 권하지 않는다.

반면 불포화지방산은 상온에서도 액체 상태를 유지한다. 불포화지방산은 어패류나 채소에 많이 들어 있다. 차가운 바다에 사는 물고기나 땅에서 추운 겨울을 나야 하는 채소의 몸속 지방산이 굳어버린다면 살아남지 못하기 때문에 어패류나 채소에는 불포화지방산이 많이 들어 있는 것이다.

우리 건강에 필요한 지방산은 불포화지방산이다. 불포화지방산은 단일불포화지방산과 다가불포화지방산으로 나뉘는데, 단일불포화지방산은 체내에서 생성되므로 특별히 신경 쓸 필요가 없다. 신경 써서 섭취해야 하는 것은 다가불포화지방산이다. 다가불포화지방산은 우리 몸에 필요한 영양소지만 체내에서 생성되지 않아 반드시 음식으로 섭취해야 하기 때문에 '필수지방산'이라고 한다.

몸에 좋은 기름과 먹으면 안 되는 기름

조리용 기름은 일반적으로 식물의 씨앗에서 채취한다. 다가불포화지방산이 들어 있는 기름은 크게 오메가3 지방산이 들어 있는 기름과 오메가6 지방산이 들어 있는 기름으로 나눌 수 있다. 두 기름의 차이를 한마디로 설명하자면, 오메가3 지방산을 함유한 기름은 많이 먹어도 되는 기름, 오메가6 지방산을 함유한 기름은 덜 먹어야 하는 기름이라 할 수 있으니 기억해두자.

<오메가3 지방산이 들어 있는 기름> 차조기기름, 들기름, 아마씨유 등

이들 기름에는 오메가3 지방산인 '알파-리놀렌산'이 풍부하다. 오메가3 지방산은 피를 맑게 하고, 혈관을 부드럽게 풀어주고, 혈행을 개선하는 작용을 하는데, 이는 알파-리놀렌산으로 체내에서 EPA(에이코사펜타엔산)나 DHA(도코사헥사엔산)를 만들어야 가능하다. EPA와 DHA는 등푸른 생선에도 많이 들어 있다.

오메가3 지방산은 염증을 억제하는 작용도 한다. 알레르기성 질환이나 위궤양, 암 등은 염증이 심해지면 증상이 더욱 악화된다. 모두 현대인들이 걸리기 쉬운 질병이다. 그러므로 현대를 살아가는 우리에게 염증을 억제해주는 오메가3 지방산은 매우 중요한 영양소라 할 수 있다.

다만 이러한 기름을 사용할 때 한 가지 주의해야 할 점이 있다. 오메가3 지방산이 들어 있는 기름은 열에 약해 쉽게 산패되기 때문에 볶음 요리처럼 열을 가해야 하는 음식에는 적합하지 않다는 점이다. 데치거나 찐 채소에 살짝 뿌려 먹는 것이 가장 좋으며, 그러면 지용성 비타민의 섭취량도 늘릴 수 있다.

<오메가6 지방산이 들어 있는 기름> 샐러드유, 옥수수기름, 콩기름, 면실유, 홍화유, 참기름 등

이들 기름에는 오메가6 지방산인 리놀레산이 많이 들어 있으며, 리놀레산은 혈중 콜레스테롤을 낮추는 작용을 한다. 하지만 좋은 콜레스테롤(HDL)까지 감소시켜 너무 많이 섭취하면 오히려 나쁜 콜레스테롤의 총량을 증가시켜 동맥경화증 등을 일으키는 원인이 된다. 리놀레산은 염증을 유발하는 작용도 한다. 이 또한 리놀레산의 지나친 섭취를 피해야 하는 이유 중 하나다.

등 푸른 생선, 아마씨유, 들기름 등에 오메가3 지방산이 들어 있다

하지만 리놀레산도 우리 몸이 필요로 하는 지방산인 것은 맞다. 조리용 기름으로 섭취할 필요가 없을 뿐이다. 리놀레산은 채소, 과일, 어패류, 육류 등 거의 모든 음식에 들어 있는 영양소이기 때문에 일반적인 식사만 제대로 해도 리놀레산이 부족할 일은 없다. 오히려 리놀레산이 들어 있는 조리용 기름을 사용해서 리놀레산을 과다 섭취하면 몸에 염증을 일으킬 수 있다. 예를 들어 감기에 걸리면 발열, 기침, 콧물 같은 증상이 나타나는데, 이러한 증상 모두 염증에 해당한다. 평소에 리놀레산을 많이 섭취하면 병에 걸렸을 때 염증이 심하게 나타나 고생할 수 있다.

오메가3 지방산과 오메가6 지방산의 섭취 비율은 1대 4가 이상적이다. 시계 방향 플레이트 식사법을 실천하면 이러한 비율이 자연스레 맞춰져 체내 환경이 개선된다. 하지만 볶음 요리처럼 열을 가하는 요리에 샐러드유 등을 쓰면 이상적인 비율이 순식간에 무너져버린다. 열을 가해야 하는 요리에는 올레인산 같은 오메가9 지방산이 들어 있는 기름을 쓰는 것이 좋다. 올레인산은 단일불포화지방산으로 체내에서도 생성되기 때문에 조리용 기름으로 섭취해도 필수지방산의 균형이 무너지지 않는다. 올레인산이 많이 들어 있는 기름은 올리브유나 카놀라유 등인데, 이 기름들은 열에 강하기 때문에 가열해도 쉽게 변질되지 않는 특징이 있다. 그러므로 열을 가해 조리하는 음식에는 올리브유나 카놀라유를 사용하자. 다만 조리용 기름은 꼭 필요한 경우에 소량만 사용해도 충분하므로 조리용 기름 사용을 최소화하는 것을 원칙으로 삼기 바란다.

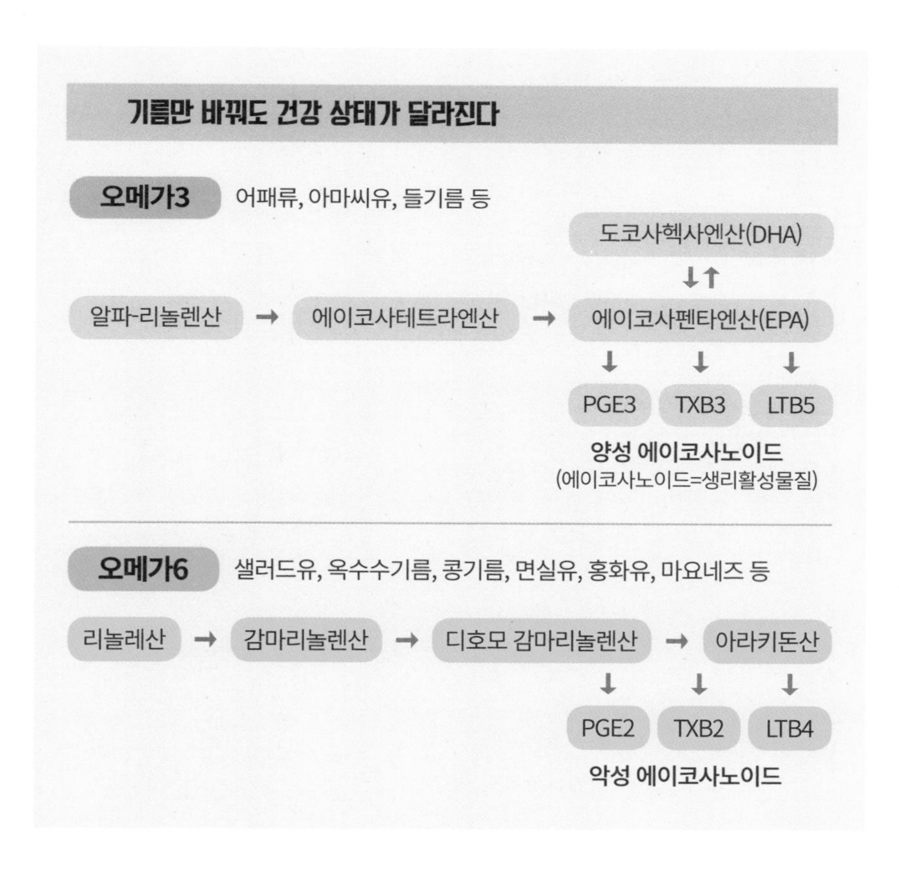

양성 에이코사노이드	건강	
PGE3	항혈소판 응집 작용, 면역 기능 증강 작용	면역 증강·알레르기 증상 억제·꽃가루 알레르기 경감·천식 억제·암 억제·항염증성·혈관 확장·혈소판 응집 억제·학습 능력 향상·기억력 향상·집중력 강화 오메가3 지방산이 들어 있는 기름을 많이 섭취하면 심신의 건강 상태를 바로잡기가 쉽다.
TXB3	염증성 사이토카인의 생성 억제	
LTB5	아라키돈산의 유리 억제, TXB의 생성 저해	

악성 에이코사노이드	질병	
PGE2	림프구 증식 작용, 혈소판 응집 항진, 백혈구 유도 및 활성화	면역력 저하·알레르기 증강·아토피 피부염·꽃가루 알레르기 악화·혈관 응축·혈압 상승·혈소판 응집 촉진 요즘 이런 질병이 증가하는 이유는 사람들이 샐러드유 같은 오메가6 지방산이 든 기름과 육류를 과다 섭취하기 때문이다. 이 두 가지의 섭취량만 줄여도 위와 같은 질병의 증상이 개선된다.
TXB2	소식세포 응집 억제, 세망내피계 기능 억제	
LTB4	국소 혈관 투과성 항진, 국소 혈류 증가, 알레르기 유발	

'플라스틱 지방'은 섭취해선 안 된다

기름을 섭취할 때 주의해야 할 점이 한 가지 더 있다. 트랜스지방은 절대로 섭취해서는 안 된다는 것이다. 유럽이나 미국에서는 트랜스지방을 '플라스틱 지방'이라 부른다. 마치 플라스틱처럼 자연의 힘으로는 분해하기 어려운 지방이라는 뜻이다. 지방산은 체내에 들어가면 세포막의 재료로도 쓰이는데, 트랜스지방이 세포막의 재료로 사용되면 기능이 매우 불안정해진다. 게다가 활성산소와 강하게 결합하기 때문에 세포막이 쉽게 산화된다. 또 나쁜 콜레스테롤(LDL)을 증가시킬 뿐만 아니라 좋은 콜레스테롤(HDL)을 감소시키는 작용을 한다. 트랜스지방의 이러한 작용들은 동맥경화나 암, 심장병을 유발한다.

요즘 전 세계가 트랜스지방의 위험성에 예민하게 반응하며 식품에 트랜스지방의 함량을 의무적으로 표시하게 하거나 함량을 제한하고 있다. 트랜스지방은 다양한 식품에 들어 있다. 특히 마가린이나 쇼트닝, 마요네즈 등에 많다. 플라스틱 용기에 담긴 대용량 기름처럼 대량 생산되는 기름에도 들어 있다. 이런 기름을 저렴하다는 이유로 자주 사용하지 않

트랜스지방은 다양한 식품에 들어 있다. 특히 마가린이나 쇼트닝, 마요네즈 등에 많다. 플라스틱 용기에 담긴 대용량 기름처럼 대량 생산되는 기름에도 들어 있다.

기 바란다. 또 기름을 고열에서 가열할 때도 트랜스지방이 발생한다. 감자튀김이나 닭튀김 같은 튀김 요리에도 트랜스지방이 들어 있다.

트랜스지방이 많이 들어 있는 식품 (함유율:%)

식품	트랜스지방 함량	식품	트랜스지방 함량
크루아상	0.29~3.0	식용 조합유	0.73~2.8
양념한 팝콘	13.0	우지	2.7
와규 목살	0.52~1.2	라드	0.64~1.1
와규 등심	0.54~1.4	쇼트닝	1.2~31
소 안창살	0.79~1.5	쇼트케이크	0.40~1.3
가공 치즈	0.48~1.1	애플파이·미트파이	0.34~2.7
자연 치즈	0.50~1.5	스펀지케이크	0.39~2.2
커피크림	0.011~3.4	이스트 도넛	0.27~1.6
생크림	1.0~1.2	비스킷	0.036~12.5
콤파운드 크림	9.0~12	쿠키	0.21~3.8
버터	1.7~2.2	감자칩	0.026~1.5
마가린	0.94~13	마요네즈(드레싱)	1.0~1.7
유지 스프레드	0.99~10	카레 루	0.78~1.6
식용 식물유	0.0~1.7	하이라이스 루	0.51~4.6

❖ 쇠고기나 유제품에 본래 들어 있는 트랜스지방의 함유량은 제품별 차이가 크지 않다. 하지만 가공식품에 들어 있는 트랜스지방의 함유량은 제품마다 크게 차이가 난다.

❖ 한 가지 음식에 들어 있는 트랜스지방의 양이 많지 않더라도 매일 여러 음식을 먹다 보면 몸에 나쁜 영향을 끼칠 수 있으므로 주의가 필요하다.

시금치는 생으로 먹으면 안 된다

채소는 종류에 따라 조리법을 달리하는 것이 중요하다. 나는 어차피 먹을 거라면 그 식재료에 담긴 영양소를 최대한 끌어내고자 한다. 채소는 특히나 더 그렇다. 채소에 들어 있는 비타민이나 무기질처럼 우리 몸을 세포부터 건강하게 해주는 영양소들도 잘못된 방법으로 조리하면 오히려 파괴되거나 몸에 좋지 않은 영향을 끼칠 수 있다.

특히 주의해야 할 것이 바로 시금치다. 시금치에는 비타민 C, 엽산, 비타민 E, 베타카로틴 같은 비타민류 외에도 철분이 풍부하게 들어 있다. 그러나 비타민 C나 엽산은 수용성이라 데치면 밖으로 빠져나가 애써 먹어도 영양소를 섭취할 수 없다. 그래서 요즘은 생으로 먹을 수 있는 샐러드용 시금치가 인기다. 생으로 먹으면 비타민 C나 엽산을 고스란히 섭취할 수 있으니까. 하지만 이것은 잘못된 생각이다. 시금치는 생으로 먹지 않는 것이 좋은 채소다. 시금치에 많이 들어 있는 옥살산이라는 성분 때문이다.

옥살산은 소변에 녹아 있는 칼슘과 결합해 옥살산칼슘이라는 물질로 변하는데, 이것이 다른 성분과 뭉쳐서 커지면 요로결석이 되어버린다. 게다가 옥살산은 에너지 생성량을 증가시킬 때 반드시 필요한 철분의 흡수를 저해하는 작용도 한다.

샐러드용 시금치는 수용성 비타민을 그대로 섭취할 수 있기 때문에 얼핏 몸에 좋을 것 같지만, 그렇다고 매일 섭취하면 안 된다. 건강을 생각해서 꾸준히 챙겨 먹었다가 도리어 에너지 생성 효율이 떨어지고 몇 년 뒤에 요로결석까지 생긴다면 무슨 의미가 있겠나. 한 달에 한 번 정도 먹으면 우리 몸이 알아서 대처하니 문제가 되지 않지만, 몸에 좋다며 자주 먹어서는 안 된다.

옥살산은 시금치나 죽순, 우엉 등 떫은맛이 강한 식품에 많이 들어 있다. 이런 채소들을 손질하면서 미리 떫은맛을 빼는 이유는 단순히 맛 때문만이 아니라, 옥살산을 제거하기 위해서이기도 하다.

시금치는 데치면 옥살산을 절반 정도 제거할 수 있다. 죽순이나 우엉 등도 조리면 옥살산이 국물로 빠져나온다. 떫은맛이 강한 식품은 데치거나 조려 먹는 것이 기본이라는 점을 꼭 기억해두기 바란다.

참고로 시금치는 수용성 비타민 외에도 몸에 좋은 영양소가 풍부하다. 데치는 과정에서 수용성 비타민이 손실된다 해도 먹을 만한 가치가 충분한 채소다. 특히 철분을 섭취할 수 있다는 점이 매우 중요하다. 나는 시금치를 먹는 가장 큰 이유는 바로 철분을 섭취하기 위해서라고 생각한다. 그래서 우리 집 시계 방향 플레이트에도 자주 시금치를 올린다.

이 밖에 다른 식품을 함께 섭취해 옥살산의 체내 흡수를 막는 방법도 있다. 바로 칼슘을 함께 섭취하는 것이다. 옥살산은 칼슘과 결합해 옥살산칼슘으로 변하는데, 이러한 결합이 장에서 일어나면 체내에 흡수되지 않고 변으로 배출된다. 옥살산은 시금치에 특히 많이 들어 있지만, 양상추나 브로콜리, 양배추, 콜리플라워, 가지 등에도 소량 함유되어 있다. 그러므로 이러한 채소들에 들어 있는 옥살산이 흡수되는 것을 막으려면 칼슘이 풍부한 실멸치나 가다랑어를 함께 먹는 것이 좋다. 시금치 나물이나 구운 가지에 실멸치나 가다랑어포를 뿌려서 먹으면 된다.

브로콜리는 전자레인지에 돌리는 것이 제일 좋다

물에 데치지 않는 것이 좋은 채소도 있다. 대표적인 것이 브로콜리다. 브로콜리는 엽산이 풍부한 채소이므로 브로콜리를 먹을 때는 엽산 섭취를 최우선으로 하는 것이 좋다.

엽산은 비타민 B군에 속한 영양소로 적혈구의 생성을 돕는 작용을 한다. 그렇기 때문에 엽산을 적게 섭취하면 체내 산소량이 줄어들어 에너지를 제대로 생성하지 못하고, 그 결과 활기차게 활동하려는 의욕이 사라진다. 엽산은 정보를 전달하는 DNA나 RNA를 만드는 작용도 한다.

우리 몸은 세포 분열을 통해 항상 새로운 세포를 만들어내는 방법으로 기능을 유지한다. 따라서 세포 분열 과정에서 유전자가 정상적으로 생성되지 않으면 질병이나 노화로 이어질 수 있다. 이런 사태를 방지하기 위해서라도 엽산은 적극적으로 섭취해야 한다. 그런데 엽산은 수용성 비타민이라 데치면 물에 녹아 빠져나가 버린다. 그러므로 브로콜리를 조리할 때는 데치지 말아야 한다. 먹기 좋은 크기로 잘라 찬물에 씻은 다음 랩으로 싸서 전자레인지에 넣고 돌려 익히면 엽산의 유출을 막을 수 있다.

이 방법을 이용하면 많은 양의 물을 끓이고 냄비를 씻는 수고도 덜 수 있다. 전자레인지에서 브로콜리를 꺼낸 다음 랩만 벗기면 되므로 조리하고 정리하는 과정이 매우 간편해진다. 물론 요리를 하다 보면 정성을 들여야 할 때도 있다. 하지만 굳이 그럴 필요가 없을 때는 편한 방법을 쓰기 바란다. 이 또한 시계 방향 플레이트 식사법에서 중요하게 생각하는 부분이다.

영양소 파괴를 막는 채소 조리법

채소	조리법
시금치	뜨거운 물에 살짝 데친다. 전자레인지로 익힐 때는 가열 후 찬물에 가볍게 헹군다. 뿌리 부분까지 전부 먹도록 한다.
브로콜리	랩으로 싸서 전자레인지에 돌린다.
오크라 (대체:풋고추)	랩으로 싸서 전자레인지에 돌린다. 익히지 않고 잘게 썰어서 낫토에 버무려 먹어도 맛있다.
아스파라거스	딱딱한 부분의 껍질을 벗긴 다음 전자레인지에 돌린다.
방울양배추	푹 익지 않도록 전자레인지에 살짝 돌린다. 생으로 먹어도 된다.
가지	올리브유를 살짝 뿌린 다음 전자레인지에 돌린다. 가지는 껍질이 중요하다. 익히지 않고 얇게 썰어서 샐러드에 넣어도 맛있다.
숙주	전자레인지에 넣고 약 20초 동안 돌린다. 신선한 상태라면 생으로 먹어도 된다.
버섯류	표고버섯은 30분 동안 햇볕에 두면 비타민 D가 열 배로 증가한다. 조리하기 전까지 햇볕에 두었다가 요리가 끝나갈 무렵에 올리브유에 굽는다. 팽이버섯, 송이버섯, 잎새버섯은 냉동하면 아미노산이 세 배 증가한다.
피망·파프리카	전자레인지에 돌린 다음 썰어 먹는다. 생으로 먹어도 된다.
영콘	옥수수보다 영콘의 영양가가 더 높다. 껍질을 벗기지 않고 그대로 알루미늄 포일에 싸서 생선 그릴에 굽는다. 껍질을 벗겨 전자레인지에 돌리거나 구워도 된다.
주키니호박	올리브유를 두르고 굽는다.
대파	올리브유를 두르고 약불로 굽는다.
소송채	뜨거운 물에 살짝 데친다. 전자레인지를 사용할 경우 익힌 다음 찬물에 가볍게 헹군다.

제4 포지션 | 단백질은 '두부'나 '낫토'로 섭취한다

제3 포지션에 놓인 음식까지 먹고 나면 꽤 포만감이 느껴질 것이다. 하지만 위를 채우고 있는 음식은 전부 채소나 해조류뿐이므로 다음 단계로 넘어가기 딱 좋은 상태라 할 수 있다. 제4 포지션에서는 식물성 단백질을 섭취한다.

단백질은 건강에 매우 중요한 영양소다. 우리 신체를 구성하는 주요한 성분이기 때문이다. 사람 몸의 모든 장기와 근육은 단백질로 이루어져 있다. 유전자나 면역세포를 만드는 것도, 체내 환경을 정비하고 사람의 성격을 결정하는 호르몬의 재료가 되는 것도 바로 단백질이다. 그래서 단백질을 섭취하는 것은 건강을 지키는 식사에서 매우 중요하게 여기는 포인트다.

식사를 통해 섭취한 단백질은 위장에서 소화되어 아미노산이라는 가장 작은 성분으로 분해된다. 아미노산의 종류는 모두 스무 가지인데, 그 가운데 아홉 가지는 체내에서 합성되지 않으므로 식사를 통해 섭취해야만 한다. 이러한 아미노산을 '필수아미노산'이라 한다.

아미노산은 체내에 흡수되면 다시 단백질로 합성된다. 고작 20종에 불과한 아미노산은 각각의 목적에 맞게 결합해 약 10만 종의 단백질을 만들어낸다. 이런 방법으로 다양한 생명 활동을 돕는 것이다. 그래서 아미노산이 부족하면 몸에 나쁜 변화가 일어난다. 쉽게 살이 찌고, 잘 빠지지는 않는 몸이 되어버린다. 되도록 아미노산을 쓰지 않기 위해 몸이 에너지 절약 모드로 돌입하기 때문이다.

이렇게 되면 에너지 소비량이 줄어들어 먹은 것이 몸에 잘 쌓이고 면역력도 떨어진다. 단백질은 체중 1kg당 하루에 1.0~1.5g이 필요하다. 체중이 60kg인 사람은 매일 단백질을 60~90g 섭취해야 하는데 이때

중요한 것이 '양질의 단백질'을 섭취하는 것이다.

양질의 단백질이란 우리 몸이 원하는 아미노산이 많이 들어 있는 단백질을 말한다. 우리 몸을 구성하는 단백질과 식품 속에 들어 있는 단백질은 동일하지 않다. 단백질을 구성하는 아미노산의 종류나 양이 다르다는 것이다. 그러므로 인체를 구성하는 단백질에 최대한 가까운 단백질이 바로 우리 몸에 필요한 양질의 단백질이라 할 수 있다. 이때 참고하면 좋은 것이 '아미노산 점수'다. 아미노산 점수는 아홉 가지 필수 아미노산(이소류신, 히스티딘, 류신, 라이신, 메티오닌, 페닐알라닌, 트레오닌, 트립토판, 발린)이 식품에 얼마나 골고루 잘 들어 있는지를 수치화한 것이다.

아홉 가지 필수 아미노산이 저마다 필요한 양을 충족시키고 있을 경우에는 점수가 100점 만점에 100점이다. 점수가 만점에 가까울수록 양질의 단백질을 지녔다고 판단할 수 있다. 이때도 주의할 점이 있다. 쇠고기나 돼지고기도 아미노산 점수가 100점이다. 이 점수만 놓고 본다면 쇠고기나 돼지고기는 양질의 단백질이라 할 수 있다. 하지만 쇠고기나 돼지고기에는 포화지방산이 많이 들어 있다. 아미노산 점수가 90인 치즈 같은 유제품이나 베이컨에도 포화지방산이 많다. 즉, 아무리 아미노산 점수가 높아도 몸에 나쁜 성분과 함께 섭취해야 하는 음식은 건강을 해칠 수 있다는 뜻이다. 그러므로 단백질은 식물성 식품 위주로 섭취하는 것을 원칙으로 삼기 바란다.

식품의 아미노산 점수

점수	식품
100	가다랑어, 참치, 연어, 쇠고기, 돼지고기, 달걀 
90	치즈, 메밀국수, 베이컨, 바지락 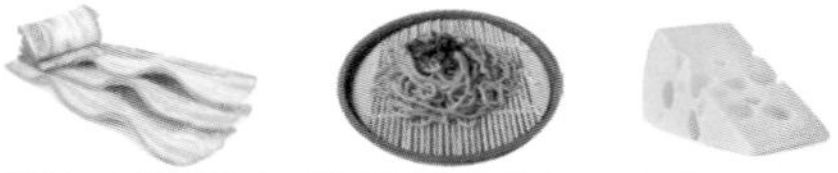
80	고구마, 두부, 키위, 다시마 
70	옥수수, 오징어, 꽃새우, 표고버섯 
60	감자, 바나나, 딸기, 현미 
50	양배추, 오이, 당근, 사과 
40	식빵, 양파, 토마토 
그 이하	배추, 즉석 면, 수박, 포도 

'두부+가다랑어포', '두부+실멸치'는 최강의 조합

단백질은 다양한 식물성 식품에 들어 있다. 그렇다면 어떤 식품을 제4 포지션에 두어야 좋을까.

가장 좋은 것은 콩으로 만든 식품이다. 콩은 '밭에서 나는 고기'라 불릴 만큼 단백질이 풍부한 식품이다. 특히 두부는 1년 내내 안정적으로 구입할 수 있는 식품 가운데 하나다. 여름철에는 차갑게 먹고, 겨울철에는 뜨거운 탕을 끓여 먹는 등 1년 내내 맛있게 먹을 수 있다.

두부에 가다랑어포나 실멸치를 얹어 먹으면 콩에 부족한 필수 아미노산을 충분히 보충할 수 있다. 게다가 칼슘이 풍부하며, 담백한 맛의 두부에 진한 풍미를 더할 수도 있다. '두부+가다랑어포', '두부+실멸치'는 맛과 영양을 모두 만족시키는 훌륭한 조합이다. 참고로 두부 중에는 비교적 단단한 목면두부와 부드러운 비단두부가 있다. 입맛에 맞는 두부를 선택하면 되지만, 영양가는 목면두부가 더 높은 편이다.

조리법에 변화를 주고 싶은 분에게는 '두부 스테이크'를 추천한다. 물기를 뺀 두부를 프라이팬에 노릇노릇하게 구운 다음 소금만 뿌리면 된다. 매우 간단하지만, 두부의 맛에 고소함이 더해져 아이들도 매우 좋아한다.

비지도 제4 포지션에 놓기에 좋은 음식이다. 비지는 손이 많이 가는 음식이라 생각하기 쉽지만, 내가 소개하는 방법을 쓰면 조리 방법이 세 단계로 줄어든다. 168쪽의 레시피를 참고하면 평소에 요리를 하지 않는

두부에 가다랑어포나 실멸치를 얹어 먹으면 콩에 부족한 필수아미노산을 충분히 보충할 수 있다. '두부+가다랑어포', '두부+실멸치'는 맛과 영양을 모두 만족시키는 훌륭한 조합이다.

사람도 쉽고 맛있게 만들 수 있다.

대두에는 이소플라본도 많이 들어 있다. 이소플라본은 '천연 여성 호르몬'이라 불릴 만큼 체내에서 여성 호르몬과 비슷한 작용을 하기 때문에 특히 여성들은 매일 챙겨 먹는 것이 좋다. 갱년기 장애나 골다공증을 예방하는 효과도 있다. 여성 호르몬과 비슷한 작용을 한다고 해서 남성에게 나쁜 것은 아니다. 오히려 매우 중요한 영양소다. 이소플라본은 강한 항산화력을 지니고 있어 노화 예방에도 효과적이다.

제4 포지션에 어울리는 간단 레시피

두부 스테이크

재료(2인분)
비단두부 2분의 1모 / 소금·후추 약간

만드는 방법
① 두부를 키친타월로 싸서 물기를 제거한다.
② ①의 두부를 반으로 썬 다음 소금을 뿌린다.
③ 프라이팬에 올린 다음 중불에서 노릇노릇하게 구워 접시에 담는다.

유채를 넣은 비지

재료(2인분)
유채 한 단 / 비지 150g / 두유 120ml / 소금·후추 약간

만드는 방법
① 유채 줄기의 밑동을 1cm 정도 잘라낸다. 냄비에 물을 끓여 유채를 데친 다음 찬물에 담갔다 건져 물기를 빼고 3cm 길이로 썬다.
② 내열 볼에 비지를 넣고 전자레인지에 3분간 돌린다. 두유를 넣어 골고루 섞은 다음 한김 식힌다.
③ ②에 썰어놓은 유채를 넣고 골고루 섞어 접시에 담는다.

아침 대표 메뉴인 낫토를 매일 챙겨 먹자

낫토도 아침마다 챙겨 먹어도 좋을 만큼 양질의 단백질이 풍부한 식품이다. 낫토는 삶은 콩에 들어 있는 당질을 낫토균이 분해 · 발효시켜 만든다. 그래서 대두에 든 당질의 양은 줄어드는 반면, 발효 과정을 거치면서 영양가는 더 높아진다.

낫토에 날달걀을 비벼 먹는 분이 많은데, 달걀은 아미노산 점수가 100점일 만큼 영양적으로 균형 잡힌 식재료다. 동물성 식품이지만 포화지방산이 많지 않으며, 오메가3 지방산이 함유되어 있다. 그래서 하루에 한 개 정도 매일 먹으면 건강에도 도움이 된다. 단, 동물성 식품은 시계 방향 플레이트에서 10%로 제한하는 것이 원칙이니 많은 양을 먹지 않도록 주의하자.

우리 집에서는 '비빔 낫토'를 제4 포지션에 종종 올린다. 낫토에 실멸치, 생큰실말(해조류 일종), 잘게 썬 생오크라(푸른 채소로 대체 식품으로는 풋고추), 채 썬 차조기(푸른 잎채소) 등을 넣고 끈끈해질 때까지 골고루 섞은 간단한 요리다. 바쁠 때는 밥에 낫토만 얹어 후다닥 먹고 싶겠지만, 몸에 좋은 각종 식재료를 함께 섞으면 만족감이 높아질 뿐만 아니라 그것만으로도 영양적으로 뛰어난 요리가 된다. 이 '비빔 낫토'를 작은 접시에 담아 아침마다 제4 포지션에 놓아보자.

참고로 낫토밥이 먹고 싶은 날은 밥에 얹은 낫토를 제4 포지션과 별개로 생각해야 한다. 자세한 내용은 뒤에서 다루겠지만, 밥은 제5 포지션의 메인 디시 차례가 되었을 때 함께 먹기 시작해야 한다. 제4 포지션은 당질을 섭취하기에 아직 이르다.

풋콩이나 완두콩 같은 콩류에도 단백질이 풍부하므로 제철인 시기에 자주 제4 포지션에 올린다. 풋콩은 찜구이를 하는 것이 제일 좋다. 찬물에 헹군 풋콩을 알루미늄 포일로 감싼 다음 생선 그릴이나 오븐토스터기 넣고 약 10분 정도 굽기만 하면 된다. 간을 하고 싶은 사람은 소금만 살짝 뿌리자. 찜구이를 하면 데치는 것보다 영양 손실이 적고 더 맛있다. 다만 가지에 달린 풋콩은 단단하므로 살짝 데쳐서 굽는 것이 좋다.

우리 집에서는 생선 그릴을 자주 사용한다. 조리할 때 매우 편리해서다. 다만 청소하기가 힘들다는 단점이 있다. 그래서 생선 그릴에 그대로 넣을 수 있는 그릴용 프라이팬을 구입하는 것이 좋다.

시계 방향 플레이트 식사법에서는 조리법도 최대한 단순하게, 가열시간도 최소화하는 것이 원칙이다. 참고로 제4 포지션도 종류를 한 가지로 제한할 필요는 없다. 오히려 두 가지를 준비하라고 권하고 싶다.

제5 포지션 | 메인 디시로는 적은 양의 고급 요리를 준비한다

자, 드디어 메인 디시다. 식사의 가장 큰 즐거움은 역시 메인 디시라 할 수 있다. 하지만 시계 방향 플레이트 식사법을 실천하고자 한다면, 이런 메인 디시에 대한 생각을 바꾸길 바란다.

메인 디시는 든든하게 속을 채우기 위한 요리가 아니다. 식사를 만족스럽게 즐길 수 있을 만한 고급스러운 요리를 맛보는 것이 목적이다. 즉, 많은 양을 배가 부를 때까지 먹을 필요가 없다는 의미다. 또 제5 포지션에 도달했을 때는 이미 배가 70% 정도 부른 상태일 것이다. 위장도 그리 많은 양을 필요로 하지 않는다. 제5 포지션의 주된 목적은 동물성 단백질을 섭취하는 것이라 생각하기 바란다. 또한 여기서 밥과 같은 주식을 함께 먹는다.

제5 포지션을 '①어패류'와 '②육류'로 나누어 살펴보겠다.

제5-①포지션 : 어패류를 매일 먹으면 머리가 좋아진다

등 푸른 생선은 아미노산 점수가 높은 훌륭한 식품이다. 특히 가다랑어, 참치, 연어 등은 아미노산 점수가 100점이다. 양질의 단백질을 섭취

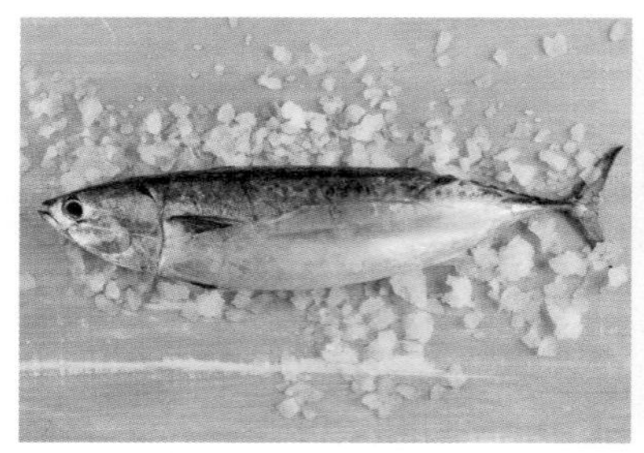

등 푸른 생선은 아미노산 점수가 높은 훌륭한 식품이다.
어패류에는 우리 몸에 좋은 지방이 많이 들어 있다. 특히 DHA나 EPA 같은 불포화지방산이 풍부하다.

할 수 있다는 뜻이다. 또 어패류에는 우리 몸에 좋은 지방이 많이 들어 있다. 특히 DHA나 EPA 같은 불포화지방산이 풍부하다.

DHA와 EPA는 오메가3 지방산으로 우리 몸이 세포부터 건강해질 수 있도록 돕는 매우 우수한 영양소다. 세포막의 재료로 사용되면 세포의 유연성을 높이고, 염증을 억제하는 뛰어난 작용을 한다. 게다가 뇌의 작용을 좋게 하는 효과도 있다. 뇌는 수분을 제외하면 약 60%가 지질로 이루어져 있는데, 그 지질도 섭취하는 음식을 통해 만들어진다.

매일 식사를 통해 어떤 지방산을 섭취하느냐에 따라 뇌세포의 질이 달라질 수 있다. 그러니 평소에 오메가3 지방산을 신경 써서 섭취하자. 그것만으로도 뇌의 작용이 좋아진다. 실제로 오메가3 지방산의 섭취가 학습 능력을 향상시킨다는 점이 최근 연구를 통해 확인되었다.

DHA(도코사헥사엔산)가 많은 어패류 (총 지방산 100g당 DHA의 양)

어패류	DHA의 양	어패류	DHA의 양
아귀(생)	28.5g	뱅어포(반건조)	33.6g
흑청새치(생)	31.3g	가다랑어(봄철 포획, 생)	27.0g
가다랑어(가을철 포획, 생)	20.7g	가다랑어포	31.4g
명태(연육)	3.3g	대구(생)	31.0g
빙어(생)	34.0g	날치(생)	34.5g
참복(생)	34.0g	황다랑어(생)	27.7g
날개다랑어(생)	31.1g	남방청대구(생)	34.8g
오징어(생)	40.2g	화살오징어(생)	34.3g
조미오징어	41.2g	훈제오징어	41.2g

❖ **DHA의 주요 작용** 뇌 작용 활성화 · 인지증 예방 · 눈 건강 보호 · 심리적 안정 등

EPA(에이코사펜타엔산)가 많은 어패류 (총 지방산 100g당 EPA의 양)

어패류	EPA의 양	어패류	EPA의 양
문치가자미(생)	21.2g	명태(연육)	18.9g
명란젓	18.9g	소금에 절인 대구	18.5g
문절망둑(생)	18.4g	고둥(생)	26.2g
가리비(패주, 생)	23.8g	가리비(쪄서 말린 것)	25.1g
단새우(생)	21.7g	대하(생)	21.5g
털게(생)	39.4g	바다참게(생)	31.4g
바다참게(게살 통조림)	23.8g	꼴뚜기(생)	21.0g
해삼(해삼내장젓)	25.1g		

❖ **EPA의 주요 작용** 혈관을 부드럽게 풀어줌·혈전 생성 예방·혈류 개선·알레르기 반응 억제 등

DHA·EPA의 양 출처 : 《식품성분표 2015 자료 편》, 조시에이요 대학(女子栄養大学) 출판부

조개·새우·오징어·문어는 비타민 B군이 풍부하다

제5-① 포지션에는 비타민 B군이 풍부한 조개류나 새우, 오징어, 문어도 추가해보자. 비타민 B군은 TCA 회로를 작동시켜 많은 양의 에너지를 만드는 과정에 꼭 필요한 영양소로, 채소에도 들어 있지만 그것만으로는 충분한 양을 섭취할 수 없다. 조개류, 새우, 오징어, 문어를 먹어 비타민 B군의 섭취량을 늘리면 에너지 생성량을 크게 증가시킬 수 있다.

우리 주위에는 자신의 잠재 능력을 제대로 발휘하지 못하는 사람이 매우 많다. 가장 큰 원인은 에너지를 만들어내는 영양소가 부족하기 때문인데, 그 영양소 가운데 하나가 바로 비타민 B군이다. 제5-① 포지션에는 생선 한 가지와 조개류 · 새우 · 오징어 · 문어 가운데 한 가지를 놓는 것이 이상적이다.

조개류, 새우, 오징어, 문어를 먹어 비타민 B군의 섭취량을 늘리면 에너지 생성량을 크게 증가시킬 수 있다.

조개류나 새우, 오징어, 문어 등은 조리하기가 번거롭다고 생각하는 사람이 많은데 어렵게 생각하지 않아도 된다. 영양소를 효율적으로 섭취하기 위해서는 되도록 간단하게 조리하는 것이 좋으니까 말이다. 특히 비타민 B군은 수용성이기 때문에 조림처럼 손이 많이 가는 요리를 만들면 오히려 섭취량이 감소해버린다. 가장 좋은 방법은 신선한 어패류를 구입해 생으로 먹는 것이다. 어패류는 회로 먹으면 중요한 영양소를 고스란히 섭취할 수 있다. 게다가 회는 다른 조리 과정이 필요하지 않으므로 접시에 올리기만 하면 된다. 회에 소금, 후추, 아마씨유, 레몬즙을 살짝 뿌려 카르파초를 만들어 먹어도 좋다.

나는 종종 회를 덩어리째 구입해 첫날은 얇게 슬라이스해서 회로 먹고, 다음 날은 살짝 구워 먹는다. 프라이팬에 알루미늄 포일을 깔고 적당한 크기로 썬 회를 나란히 놓은 후 요리용 토치로 가볍게 굽는다. 새우나 오징어, 문어도 구우면 표면에 붙어 있는 잡균을 제거할 수 있을 뿐만 아니라, 감칠맛이 더욱 진해져 오히려 회로 먹었을 때보다 더 맛있다. 그다음 날은 생선 그릴에 구워 먹는다. 그릴팬에 알루미늄 포일을 깔고 남은 어패류를 올린 다음 굽기만 하면 된다. 새우는 머리와 껍질을 벗기지 않고 구우면 크게 손이 갈 일도 없다. 또 조리법에 변화를 주고 싶을 때는 로즈메리 같은 허브를 함께 넣고 구우면 근사한 요리가 완성된다.

겨울철에는 아연이 풍부한 굴을 먹는다

조개의 일종인 굴도 꾸준히 섭취하면 몸에 좋은 식품 중 하나다. 현대인들에게 부족하기 쉬운 아연이 풍부하게 들어 있기 때문이다. 아연은 세포의 분열과 재생을 돕는 작용을 한다. 한 개의 세포가 두 개로 분열될 때, 유전자나 단백질을 만드는 화학반응이 일어나고 이 과정에서 효소가 사용되는데, 다양한 효소 성분으로 이루어져 있는 것이 바로 아연이다.

아연이 부족한 사람은 피부를 보면 쉽게 알 수 있다. 아연이 부족하면 피부 세포의 재생이 원활하지 않기 때문에 오래된 각질이 피부 표면에 달라붙어 피부가 거칠어진다. 피부가 투명하지 않고 칙칙해지는 것이다. 평소에 스트레스를 많이 받으면 피부가 거칠어지는 것도 아연과 관련이 있다. 스트레스가 아연을 소모하기 때문에 피부에 갈 영양이 부족한 것이다.

아연은 체내에 쌓인 독소를 배출하는 작용도 한다. 예를 들어 수은이나 카드뮴, 납, 동, 크롬 같은 금속은 우리 몸에 아주 적은 양만 필요하며 그 양이 많아지면 오히려 해를 끼친다. 아연의 섭취량이 증가하면 이런 유해물질을 배출하는 능력이 향상되고 아연이 부족해지면 머리카락이 빠지고 숱이 줄어든다. 모발 건강을 위해서라도 아연은 반드시 필요한 영양소인데 아연이 풍부한 음식을 충분히 섭취하지 않고, 평소에 스트레스를 많이 받으면 부족해지기 쉽다.

아연은 세포의 분열과 재생을 돕고 체내에 쌓인 독소를 배출하는 작용을 한다. 굴, 밀배아(씨눈), 쌀겨, 메밀가루, 아몬드, 참깨, 언두부, 대두, 누에콩, 말린 표고버섯, 녹차, 말린 톳 등에도 많이 들어 있다.

다른 원인도 몇 가지 있다. 인스턴트식품이나 패스트푸드, 가공식품으로 끼니를 때우는 습관도 아연이 부족해지는 원인 가운데 하나다. 이런 식품에는 식품개량제 같은 첨가물이 들어가는데, 이것이 아연을 몸 밖으로 배출시키는 작용을 한다. 우유를 많이 마시는 것도 원인이 될 수 있다. 우유 속 유지방이 아연의 흡수를 방해하는 작용을 하기 때문이다. 그리고 극단적인 채식도 아연 부족의 원인이 된다. 곡류나 채소에 들어 있는 피트산이나 식이섬유가 아연의 흡수를 대폭 감소시키기 때문이다.

이런 원인들로 일어나는 아연 부족을 해결하려면 굴을 섭취하는 것이 좋다. 하루에 필요한 아연의 양은 60mg으로 굴 열세 개 분량이다. 다만 굴은 겨울철 식품이고 가격도 저렴한 편은 아니라서 매일 그만큼의 양을 섭취하기 어렵다는 단점이 있다.

아연은 밀배아(씨눈), 쌀겨, 메밀가루, 아몬드, 참깨, 언두부, 대두, 누에콩, 말린 표고버섯, 녹차, 말린 톳 등에도 많이 들어 있다. 그러니 평소에 이런 식재료들을 식사에 자주 이용하자. 예를 들어 현미밥에 낫토를 올리고 참깨를 뿌려 먹으면 아연을 꽤 많이 섭취할 수 있다. 언두부도 된장국에 넣거나 조림으로 만들어 먹는 등 활용하기 좋은 식재료다. 말린 표고버섯을 넣은 톳조림도 자주 섭취하면 좋다. 단, 말린 톳에는 미량이지만 비소가 들어 있으므로 조리하기 전에 30분 이상 물에 불린 다음 두세 번 찬물에 헹궈 물기를 빼고 사용하자.

제5-② 포지션 : 양질의 붉은 고기를 한두 점 맛보자

일본 국립 암 연구센터에서 8만 명을 10년 이상 추적 조사한 결과, 육식이 대장암(특히 결장암) 발병 위험을 높인다는 사실이 밝혀졌다. 남성의 경우 육류(햄이나 소시지 포함) 섭취량이 하루 평균 130g 이상인 그룹이 약 20g인 그룹보다 결장암 발병 위험이 1.4배나 높게 나타났다. 여성의 경우도 육류를 하루 평균 약 90g 섭취한 그룹이 약 10g을 섭취한 그룹에 비해 결장암 발병 위험이 약 1.5배나 높게 나타났다.

이처럼 암 발병 위험을 높이기는 하지만 육류는 아미노산 점수가 100점으로 매우 양질의 단백질을 포함하고 있다. 철분도 풍부한데, 특히 간에 많이 들어 있다. 이처럼 장점과 단점을 모두 가진 식재료는 먹는 양을 조절해 균형을 맞춰야 한다. '먹지 않는 것'을 선택해 그 식재료가 지닌 장점을 완전히 버릴 것이 아니라, 단점 부분을 최대한 억제해 섭취하는 것이 좋은 것이다.

이를 위해 육류의 양은 시계 방향 플레이트의 약 10%로 제한한다. 또 어패류만 충분히 섭취한다면 가끔 제5-② 포지션을 빼도 괜찮다. 먹고 싶을 때만 준비해도 된다. 나는 제5-② 포지션에 소금 · 후추만 살짝 뿌린 쇠고기 스테이크나 샤브샤브용 돼지고기를 구워서 올린다. 물론 양은 한두 점으로 제한하는데 양이 적은 대신 질 좋은 고기를 구입할 수 있다. 또 양이 적으면 조리를 할 때도 부담이 되지 않아 쇠고기를 굽는 데 2~3분이면 충분하다. 고기를 고를 때는 비계가 적은 살코기 부분을 고르는 것도 중요하다. 그러면 포화지방산의 섭취량을 줄일 수 있다.

참고로 제5-② 포지션은 식사의 종반부에 해당하다 보니 다른 음식을 먹는 사이에 고기가 식어버릴 수 있다. 고기는 고온에서 구우면 근섬유가 수축돼 식으면 질겨지는데 단백질은 60℃가 넘으면 딱딱해지는 성질이 있기 때문이다. 그러므로 고기를 구울 때는 속이 날고기가 아닐 정도로만 살짝 굽는 것이 좋다. 그래야 식은 후에도 고기가 질겨지지 않아 맛있게 먹을 수 있다.

제6 포지션 | 땅속줄기나 뿌리채소는 식사가 끝나갈 때쯤 먹는다

제6 포지션에는 땅속줄기나 뿌리채소, 또는 이를 조리해서 당질이 증가한 요리 등을 놓는다. 이런 식재료나 음식을 마지막에 먹는 가장 큰 이유는 전분 같은 당질이 많기 때문이다. 하지만 당질이 많다고 해서 무조건 먹지 않는 것은 아까운 일이다. 이런 식재료에도 건강에 도움이 되는 영양소가 잔뜩 들어 있기 때문이다.

당질의 흡수를 최대한 늦추는 동시에 필요한 영양소를 흡수하려면 당질이 많은 식품을 마지막에 섭취해야 한다. 이를 철칙으로 삼기 바란다. 그렇게 하면 포도당의 소화 · 흡수가 천천히 일어나 혈당치의 급격한 변화를 막을 수 있다.

땅속줄기나 뿌리채소에 든 비타민 C는 매우 우수하다. 물로 씻거나 가열해도 파괴되지 않는다.

땅속줄기나 뿌리채소로는 감자나 고구마, 토란, 참마 등 여러 가지가 있다. 저마다 다른 맛과 식감을 지녔으며 함유된 영양소도 다르지만, 공통점도 있다. 바로 비타민 C가 풍부하다는 점이다. 땅속줄기나 뿌리채소에 든 비타민 C는 매우 우수하다. 물로 씻거나 가열해도 파괴되지 않는다. 이러한 식품들에는 전분이라는 당질이 풍부하게 들어 있기 때문이다. 당질이 비타민 C를 보호해 물에 담가도 조리거나 구워도 비타민 C가 파괴되지 않는 것이다. 게다가 이들 식품은 식이섬유와 칼륨도 풍부하다. 식이섬유는 장 건강에 매우 중요한 영양소이며, 칼륨은 고혈압을 예방하는 효과가 있다. 아미노산 점수도 높은 편인데 고구마는 80점, 감자는 60점이다.

연근이나 당근, 단호박, 옥수수도 제6 포지션에 놓자. 이들 식품도 당질이 많지만 비타민과 무기질이 풍부하게 들어 있다. 우리 몸을 세포부터 건강하게 만들기 위해서는 꼭 섭취해야 하는 채소들이다. 연근은 얇게 썰어 구운 다음 소금과 후추를 뿌리면 아삭아삭한 식감을 느낄 수 있는 맛있는 요리가 된다. 단호박과 당근에는 지용성 비타민인 베타카로틴이 풍부하므로 기름을 넣고 조리하는 것이 좋다.

제7 포지션 | 식사의 마지막은 과일로 마무리한다

식사의 마지막은 과일로 마무리한다. 과일에는 과당이라는 당질이 많이 들어 있는데, 과당은 포도당보다 흡수가 늦어 포도당처럼 혈당치를 급격히 올리거나 인슐린을 사용하지 않는다. 하지만 공복 상태에서 과일을 섭취하는 것은 장점보다 단점이 더 많다. 체내에 당화를 일으키는 원인이 되기 때문이다. 그러므로 과일은 식후에 먹는 것이 가장 좋다.

과일 중에서도 제철 과일을 먹으면 파이토케미컬 성분을 풍부히 섭취할 수 있다. 또 여름철 과일에는 여름에 우리 몸에 필요한 영양소가, 겨울철 과일에는 겨울에 우리 몸에 필요한 영양소가 들어 있어 제철 과일을 먹으면 세포가 더욱 건강해진다.

그런데 계절과 상관없이 매일 챙겨 먹으면 좋은 과일도 있다. 바로 키위다. 키위에는 비타민 C나 비타민 B군 같은 수용성 비타민이 풍부하며, 비타민 A나 비타민 E 같은 지용성 비타민도 많이 들어 있다. 게다가 고혈압 예방에 효과적인 칼륨, 장 건강에 중요한 식이섬유도 함유되어 있으며, TCA 회로를 움직일 때 필요한 구연산도 많이 들어 있다. 키위를 섭취하면 에너지 생성량을 늘릴 수 있으므로 힘차게 하루를 시작할 때 먹으면 좋다. 키위에는 양질의 단백질도 들어 있다. 키위의 아미노산 점수는 식물성 식품 중에서 유독 높은 80점이다. 이처럼 키위는 매우 우수한 과일이므로 꾸준히 섭취하자. 나는 제7 포지션에 키위 외에 딸기, 포도, 버찌, 자몽, 파인애플 등도 올린다. '색이 진한 과일'이나 '신맛이 강한 과일'을 선택하면 시계 방향 플레이트 식사를 더 좋은 형태로 마칠 수 있다.

그렇다면 케이크나 아이스크림 등을 제7 포지션에 놓는 것은 어떨까. 공복 상태에서 먹는 것보다 제7 포지션에서 먹는 것이 낫기는 하지만, 이런 디저트에는 당질과 지질이 매우 많다. 우리 집에서도 가끔 선물로 들어오면 제7 포지션에서 디저트를 먹을 때가 있다. 하지만 작은 것으로 딱 한 개만 먹는다. 평소에 과일을 충분히 섭취하고 있다면 가끔은 이런 디저트를 대신 먹어도 괜찮다. 하지만 많은 양을 먹으면 이제껏 제1 포지션부터 제6 포지션까지 애써 지킨 식사법이 헛수고가 되고 만다.

참고로 오후 서너시쯤에 배가 고프다고 간식을 먹는 습관은 버려야 한다. 공복 상태에서 당질이 풍부한 음식을 먹는 행위는 스스로 체내에 당화를 일으키는 것이나 다름없다. 간식 먹지 않기. 이 원칙을 지키는 것은 당화를 막아 몸을 세포부터 건강하게 만들고 정신을 안정시키는 데 매우 중요하다.

시계 방향 플레이트로 매일을 기운나게

주식은 메인 디시와 함께

시계 방향 플레이트 식사법에서는 밥이나 빵 같은 주식을 부족하지 않게 먹을 수 있다. 단, 먹는 타이밍이 중요하다.

주식은 제5 포지션에 놓인 메인 디시를 먹을 때 함께 먹기 시작해야 한다. 쌀과 빵은 대부분 당질로 이루어진 식품이라 식사를 시작하자마자 먹기 시작하면 혈당치가 급격히 올라가 당화가 일어날 위험성이 증가한다. 이러한 식사법은 몸과 마음 모두 건강하지 않게 만든다. 그러나 시계 방향 플레이트의 제5 포지션까지 왔을 때쯤에는 위에 채소와 양질의 단백질이 차 있어 주식을 섭취해도 혈당치가 급격히 상승할 가능성이 적다.

당질의 폐해를 더욱 줄이고 싶다면 백미가 아닌 현미를 섭취하는 것이 좋다. 현미는 우리가 백미라 부르는 전분 층의 바깥 부분이 쌀눈과 쌀겨로 덮여 있는데, 이 부분에 에너지 생성량을 증가시키는 작용을 하는 비타민 B군이 들어 있다. 또한 이 바깥 부분에는 철분과 아연, 마그네슘, 칼륨 같은 무기질도 함유되어 있으며 식이섬유도 풍부하다. 세포부터 건강해지려면 반드시 섭취해야 하는 대부분의 영양소가 현미에 들어 있는 것이다. 백미는 이 부분이 전부 깎여 나가고 당질로만 이루어진 식품이다. 우리 몸을 세포부터 건강하게 해줄 영양소가 무엇 하나 들어 있지 않다.

이렇게 얘기하면 가끔 듣는 말이 있다.

"현미는 입에 맞질 않아서요. 백미가 더 맛있어요."

이렇게 느끼는 것이야말로 몸이 당에 지배당하고 있다는 증거다. 이런 생각이 든다는 것은 이미 체내에서 당화가 일어나고 있다는 뜻이다.

빵을 좋아하는 사람도 마찬가지다. 정제된 밀가루로 만든 빵은 백미보다 소화 · 흡수가 빠르다. 빵을 한 입 베어 물자마자 맛있다고 느끼는 것은 당질을 갈망하던 뇌가 그 순간 마음을 놓기 때문이다. 빵을 먹을 때도 정제된 밀가루로 만든 흰 빵보다는 전립분으로 만든 검은 빵을 선택하는 것이 좋다. 검은 빵이 흰 빵보다 영양 면에서도 뛰어나고 당질도 적게 들어 있다.

아침에는 꼭 시계 방향 플레이트 식사법을 실천하자

오늘부터 당장 시계 방향 플레이트 식사법을 시작해보자. 구하기 힘든 재료는 하나도 없다. 슈퍼마켓의 신석식품 코너에 가면 필요한 식재료가 다 있다.

제대로 시작만 하면 심신의 변화가 빠르게 나타난다. 가장 먼저 '평소보다 몸이 가뿐한데', '오늘은 왠지 기분이 좋아'라는 변화를 느끼게 될 것이다. 이러한 변화야말로 몸 곳곳에 필요한 영양소가 잘 전달되어 TCA 회로가 작동하기 시작해 에너지 생성량이 증가했다는 증거다. 이처럼 즉각적으로 느껴지는 효과는 시계 방향 플레이트 식사법을 지속하는 원동력이 된다.

나는 특히 아침에는 시계 방향 플레이트 식사법을 반드시 실천하고 있다. 두 딸은 이제 대학생이 되었고 남편은 나고야, 나는 도쿄 긴자에

'도파민+세로토닌형'이 되기 위한 시계 방향 플레이트

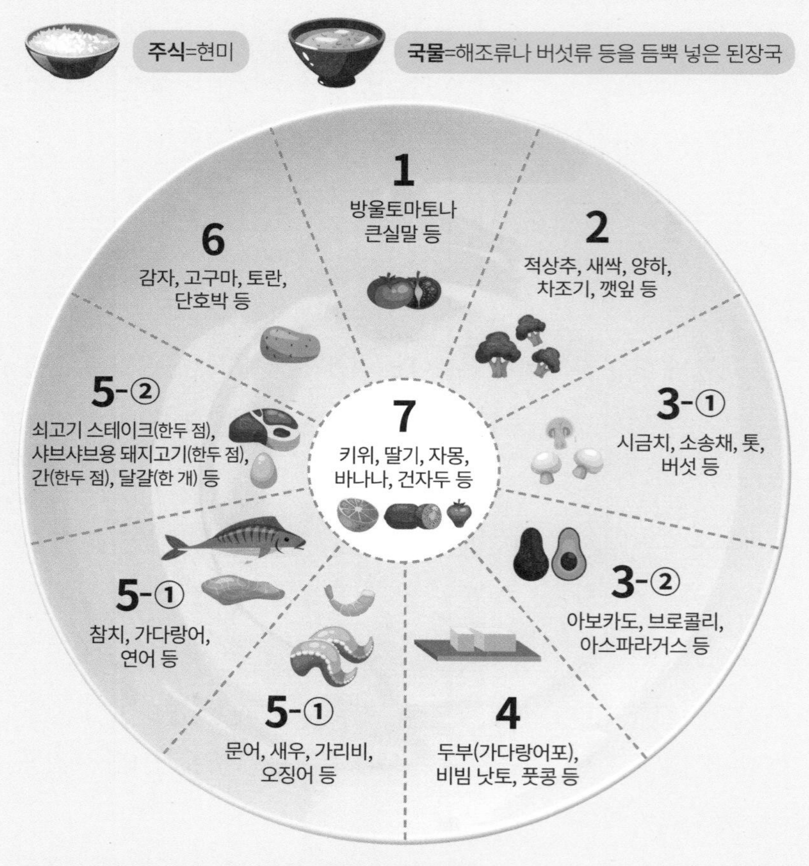

* **1~5-①·7** 포지션은 두 가지 이상 준비해도 된다.
* **5-②**와 **6** 포지션은 한 가지씩 준비한다.

서 환자들을 진료하고 있어 가족이 전부 흩어져 살고 있지만, 예전에는 아무리 바빠도 새벽 5시에 일어나 시계 방향 플레이트 식사법에 맞게 아침 식사를 준비했다. 그리고 아침 6시부터 한 시간 동안 온 가족이 도란도란 이야기를 나누며 시계 방향 플레이트 식사법에 따라 아침 식사를 했다. 건강한 식사로 하루를 건강하게 시작하는 것, 아침 식사 시간은 우리 가족에게는 무척이나 즐겁고 소중한 시간이다.

점심으로는 커다란 찬합에 시계 방향 플레이트 식사법대로 도시락을 싸서 딸들에게 주었다. 시계 방향 플레이트 식사법 덕분에 우리 딸들은 학창 시절 내내 좋은 성적을 거두었고, 의학부에 진학한 후에도 장학금을 받을 만큼 우수한 성적을 유지했다. 그리고 모든 일을 즐기며 해냈다.

몸이 건강함을 느끼고 좋은 기분을 가지는 것, 이것이야말로 시계 방향 플레이트 식사법이 우리에게 가져다주는 가장 큰 효과다. 단지 식사법을 바꾸는 것만으로 이런 효과가 나타나는 것이다. 이 식사법은 특히 아침에 실천하는 것이 좋다. 아침 식사를 어떻게 하느냐에 따라 하루를 활기차게 시작할 수 있느냐 없느냐가 결정되기 때문이다.

외식이 줄자 식비도 줄었다

어느 환자분이 이런 이야기를 했다.

"시계 방향 플레이트 식사법은 정말 좋은 방법 같아요. 하지만 돈이 많이 들 것 같아서 무리예요."

갖가지 채소와 과일, 어패류, 그리고 약간의 육류를 냉장고에 채워 넣으려면 당연히 식비가 어느 정도 들기는 한다. 특히 어패류 중에는 적은 양을 사도 금액이 상당한 경우가 있다. 하지만 실제로 반년 동안 이 식사법을 실천하고 있는 환자는 이렇게 말했다.

"식비는 확실히 한 달에 30% 정도 늘었어요. 하지만 온 가족이 항상 웃는 얼굴로 하루를 활기차게 보내고 있다는 것을 확연하게 느낄 수 있어요. 그런 변화를 생각하면 식비가 아깝다는 생각이 조금도 들지 않아요."

결국 문제는 식비를 어떻게 생각하느냐에 달려 있다. 식사를 단순히 배를 채우는 식량으로 생각할 수도 있고, 아니면 삶의 양식으로 생각할 수도 있다. 식사의 의의는 이처럼 개개인의 사고방식에 따라 하늘과 땅만큼 달라질 수 있다.

한편 식비가 오히려 줄었다는 환자도 있다. 이렇게 말한 여성분은 일과 육아, 집안일을 하느라 정신없이 바빠서 자주 반찬이나 도시락을 사서 먹었고, 주말에는 가족들과 외식을 했다. 5인 가족, 식욕이 왕성한 시기인 아이가 셋이나 있어 조리된 식품을 사다 상을 차리려면 저녁 식사한 끼에 적어도 3천 엔, 많이 나올 때는 5천 엔이나 들었다. 아무리 조리 식품이라 해도 어느 정도의 종류는 갖춰야 했기 때문이다. 또 패밀리 레스토랑에 가서 식사를 한 번 하려면 1만 엔 정도는 필요했다. 이처럼 외식을 하는 데만 한 달에 4만 엔 정도를 썼다고 한다.

그런데 시계 방향 플레이트 식사법을 실천하기 시작하자 가게에서 파는 음식을 사는 일이 줄어들었다. 반조리 식품보다 시계 방향 플레이트 식사법에 맞게 요리를 하는 것이 훨씬 건강하다는 사실을 깨달았기 때문이다. 또 집 요리가 맛있게 느껴지자 외식을 하는 횟수도 줄어들었다. 아이들은 성적이 올라가고 부부의 기분도 좋아졌다.

또 어패류를 구입하는 비용이 늘어나기는 했지만, 예전보다 육류 섭취량이 줄어서 지출에 큰 차이가 없다는 의견도 있었다.

시계 방향 플레이트 식사법을 실천할지 말지는 당신의 선택이다. 하지만 건강한 몸과 마음을 느끼고 싶다면 멋지게 도전해서 차근차근 밟아나가기 바란다.

조리는 효율적으로!

시계 방향 플레이트 식사법을 실천하려는 사람들이 부담스러워하는 점이 한 가지 더 있다. 바로 조리다. 이 식사법은 접시 하나에 다양한 음식을 올려야 하기 때문에 조리 과정이 매우 힘들어 보일 수 있다. 하지만 실제로는 조리법이 단순하기 때문에 매우 편하다.

예를 들어 가정식 요리의 대표 메뉴인 카레라이스 하나를 만드는 것보다 시계 방향 플레이트를 준비하는 과정이 더 편하고 시간도 적게 걸린다. 게다가 몸과 마음이 건강해지기 때문에 도파민과 세로토닌처럼 좋은 호르몬이 잔뜩 분비된다는 매우 큰 장점이 있다. 조리 과정의 핵심은 생으로 먹는 음식은 나중에 준비하고 익혀야 하는 음식부터 만드는 것이다. 가스레인지, 생선 그릴, 전자레인지를 총동원해서 가열해야 하는 재료부터 조리하자.

예를 들어 제3 포지션에 놓을 채소를 구울 때, 같은 프라이팬에 새우와 고기를 함께 굽기 시작한다. 간은 접시에 옮겨 담은 후 각자 하면 되므로 같은 프라이팬에 조리해도 상관없다. 그리고 다 구워진 식품부터 정해진 위치에 담기 시작한다. 이렇게 하면 설거지도 프라이팬 하나만 하면 되고, 간을 나중에 하기 때문에 프라이팬이 크게 더러워지지도 않아서 물로 가볍게 헹구기만 하면 뒷정리가 끝난다.

식탁에는 소금이나 굵게 간 후추, 간장 같은 조미료를 놓아준다. 식사하면서 각자 입맛에 맞게 간을 하면 되기 때문에 조리 과정도 간편해지고, '고생해서 만들었는데 어쩐지 맛이 없어'라며 아쉬워하는 일도 생기지 않는다.

준비한 재료를 익히는 동안 생채소와 과일, 두부, 낫토 등을 준비한다. 생채소와 과일은 깨끗이 씻어서 썰어놓기만 하면 되고, 두부도 작은 접시에 담기만 하면 된다. 낫토는 실멸치나 잘게 썬 오크라, 차조기 등을 섞어서 작은 접시에 담는다. 이것들을 전부 준비하는 데 10분도 채 걸리지 않는다. 이렇게 만든 것이 책 뒷부분에 실린 '시계 방향 플레이트'다.

원리만 이해하면 어디서나 실천 가능하다

사업가나 1인 가구는 외식을 할 때가 많다. 외식을 할 때도 시계 방향 플레이트 식사법을 얼마든지 실천할 수 있다. 일곱 가지 포지션을 떠올리면서 주문한 음식을 순서대로 먹으면 된다. "저는 외식을 자주 하기 때문에 시계 방향 플레이트 식사법을 실천할 수 없어요"라는 말은 통하지 않는다.

게다가 당신이 이 방법대로 식사를 하기 시작하면 함께 밥을 먹는 이들에게도 자연스럽게 알려줄 수 있다. 자신의 건강은 물론 지인들의 건강까지 챙길 수 있게 되는 것이다.

가끔은 고깃집에서 밥을 먹을 일도 생길 것이다. 그럴 때는 한 가지 원칙을 정해둔다. 고기를 먹는 대신 채소를 그보다 열 배 더 먹겠다고 말이다. 생채소를 잔뜩 주문해 고기와 곁들어 먹고 버섯류는 구워 먹

고기를 먹을 때는 한 가지 원칙을 정해둔다. 고기를 먹는 대신 채소를 그보다 열 배 더 먹겠다고 말이다.

는다. 이렇게 방법을 찾으면 얼마든지 영양적으로 균형 잡힌 식사를 할 수 있다.

시계 방향 플레이트 식사법을 잘 이해하기만 하면 외식을 할 때도 거뜬히 실천할 수 있다. 다만 여행을 갔을 때는 아무래도 영양의 균형이 무너지기 쉽다. 호텔 등에서 나오는 코스 요리는 단백질 · 지질 · 당질의 비중이 높고 채소의 비중은 낮기 때문이다. 하지만 일단 나온 음식은 맛있게 먹자는 것이 나의 신조다. 여행 중에는 일일이 따지지 않고 마음 편히 식사를 즐겨도 된다고 생각한다. 그 대신 집에 돌아오자마자 다시 시계 방향 플레이트 식사법을 실천한다. 여행을 2박 3일 동안 다녀왔다면, 집에 돌아와 비슷한 기간만큼 예전처럼 식사를 하자. 그러면 체내 환경이 회복될 것이다.

반대로 집에 돌아오자마자 예전 식사법으로 되돌아가지 않으면 그

동안 만든 몸 상태가 한순간에 무너질 수 있다. 미각과 식욕은 순식간에 망가질 수 있다. 그렇게 되면 몸이 폭주하기 시작하고 잘못된 영양소를 사용해 세포를 만들어버리는 것이다. 균형이 깨진 영양 상태가 오랫동안 지속될수록 원래대로 되돌리는 데 많은 시간이 걸린다. 그러므로 여행을 다녀온 후에는 최대한 빨리 기존의 시계 방향 플레이트 식사법으로 돌아가는 것이 중요하다.

이처럼 일상에서 작은 노력과 약간의 수고만 기울여도 영양 상태를 바로잡을 수 있다. 그러한 노력과 수고를 아끼지 않는 것이 성공적인 삶으로 향하는 가장 가까운 지름길이다.

종장

시계 방향 플레이트 식사법으로 인생이 바뀐다

시계 방향 플레이트 식사법은 어떻게 탄생했나

마지막으로 시계방향 플레이트 식사법이 탄생한 배경에 대해 이야기하려고 합니다.

제가 이 식사법을 고안하게 된 것은 두 딸들 덕분입니다.

첫 아이를 임신했을 당시, 저는 병원에 근무하고 있었습니다. 밥 먹을 시간조차 없을 만큼 하루하루 바쁜 나날을 보내고 있었지요. 그 당시 제가 일하던 병원은 남녀를 불문하고 의사라면 사흘 정도는 밥을 못 먹더라도 일을 해야 한다는 분위기였습니다.

저는 온몸의 영양소가 고갈되어 갔고, 물이라도 마시지 않으면 이러다 말라버리지 않을까 두려울 정도였습니다. 그런 위태로운 상태로 출산 예정일 직전까지 저는 계속 근무를 했습니다. 그런 상황이었는데도 다행히 첫 아이는 무사히 태어나 주었습니다.

그 해에 저희 부부는 병원을 개업했고, 저는 둘째 아이를 임신했습니다. 병원을 새로 설립하느라 바쁘기는 했지만, 제 페이스에 맞추어 일할 수 있는 여유가 생겼습니다. 아이를 키우면서부터 저희 부부도 영양적으로 균형 잡힌 식사를 하게 되었지요.

작은 아이는 큰 아이가 태어난 이듬해에, 큰딸의 생일과 하루 차이로 태어났습니다. 같은 정자와 난자가 만나 태어난 두 딸들. 같은 유전자를 가지고 있을 텐데도 두 아이의 건강 상태는 그야말로 정반대였습니다.

큰 아이는 비쩍 마르고 입도 짧아 허약했습니다. 다행히도 성격은 매우 상냥했습니다. 큰 아이가 유치원생이 되었을 무렵, 광우병이 사회 문제로 떠올랐습니다. 언론사마다 앞다투어 관련 보도를 내놓았고, 텔레비전에서는 연일 광우병에 걸린 소의 영상이 흘러나왔습니다. 그 영상을 본 큰 아이가 이렇게 말했습니다.

"병에 걸린 소를 먹는 거야? 불쌍해."

그때부터 큰 아이는 그동안 작게 썰어 주면 먹었던 고기를 입에도 대지 않았습니다. 고기뿐만 아니라 생선도 불쌍하다며 안 먹기 시작했습니다. 유치원에 다니는 어린아이가 채식주의자가 되어 버린 것입니다.

계기만 있으면 사람은 바뀔 수 있다

1년 뒤에 태어난 둘째딸은 '천진난만'이라는 표현이 딱 들어맞을 만큼 건강했습니다.

큰 아이는 입이 짧아서 아기 때도 분유를 여러 번 나눠서 먹여야만 필요한 양을 간신히 채울 정도였는데, 작은 아이는 저녁 8시에 큰 젖병 두 개를 뚝딱 비우고 나면 아침 8시까지 한 번도 깨지 않고 잤습니다. 언니가 동물성 식품을 입에 대지 않는 모습을 보고도 "맛있으니까 나는 신경 안 써"라며 뭐든지 잘 먹었습니다.

초등학생이 되자 둘째 아이는 성적이 쑥쑥 올랐습니다. 학원에서도 월반을 해서 언니와 같은 학년인 아이들과 함께 모의시험을 치고, 우수한 성적까지 거두었지요. 둘째 아이의 이런 기특한 모습은 부모라면 당연히 기뻐할 만한 일이었습니다. 하지만 그와 동시에 저는 큰 아이가 어떻게든 좀 더 건강해지길 바랐습니다. 그래서 아이가 음식을 맛있게 먹을 수 있도록 매일 이런저런 궁리를 했습니다.

큰 아이가 4학년이 되었을 때, 잊을 수 없는 사건이 생겼습니다. 식사를 하다 피곤해서 잠들어 버린 큰 아이가 고개를 떨구다가 그만 혀를 깨물어서 입안이 온통 피투성이가 된 것입니다.

어째서 이 아이에게는 하루가 멀다 하고 큰일이 터지는 것일까. 내가 해 줄 수 있는 방법이 없을까. 그렇게 고민하며 매일 식사를 차려도 딱히 해결책이 나오지 않았습니다. 그 당시의 저는 다른 이유나 방법을 알지 못했습니다.

6학년이 되자 큰 아이가 초경을 시작했습니다. 생리를 하게 되자 큰딸은 심한 빈혈 증세를 보였고, 아침에 일어나는 것조차 힘겨워했습니다.

남편은 그런 아이의 모습을 보며 "당신이 아무리 애를 써도 타고난 체질이 그런 것 아닐까. 그냥 곁에서 지켜봐 주자"라고 조심스럽게 말했습니다. 하지만 저는 그저 지켜보고만 있을 수가 없었습니다. '계기만 생기면 이 아이도 건강해질 거야'라고 느꼈기 때문입니다.

아이를 믿는 엄마의 마음은 무엇보다도 강합니다. 이것도 모성 호르몬인 옥시토신의 힘이겠지요. 원인만 알아내면 틀림없이 건강해질 거라고 저는 그렇게 믿었습니다.

식사가 사람을 좋게도, 나쁘게도 바꾼다

큰 아이는 병약하지만 상냥한 아이, 작은 아이는 감기조차 걸리지 않는 밝고 건강한 아이. 두 딸은 그렇게 전혀 다른 모습으로 커 갔습니다. 제가 큰 아이의 건강을 회복시킬 만한 단서를 발견한 것은 사실 늘 건강하던 작은 아이의 변화 때문이었습니다.

중학생이 되자 작은 아이는 학교에서 돌아오는 길에 친구들과 편의점에 들러 군것질을 하기 시작했습니다. 그때까지 저는 한 번도 그런 곳에서 파는 음식을 아이들에게 먹인 적이 없었습니다.

한 달이 지나자 심할 정도로 긍정적이었던 작은 딸에게 변화가 나타났습니다. 집에 돌아오면 '피곤해. 나 밥 안 먹어'라며 침대에 드러누워서는 아침까지 일어나지 않았습니다.

처음에는 '다이어트를 하는 건가? 사춘기가 온 걸까?' 하는 생각에 남편과 가만히 지켜보기만 했습니다. 하지만 얼마 지나지 않아 아이는 '아무것도 하기 싫어. 다 귀찮아'라고 말하기 시작했습니다. 대체 왜 이러는 걸까. 아이가 변한 원인을 찾기 위해 저는 작은 아이를 유심히 관찰하기 시작했습니다. 그러다 아이가 학교에서 돌아오는 길에 매일 편의점에 들러 아이스크림을 사 먹는다는 사실을 알아차렸습니다.

이 책에서도 이야기한 바 있지만, 아이스크림처럼 당분이 많은 음식을 공복에 먹으면 혈당치가 급격히 올라갑니다. 그러면 인슐린이 다량 분비되어 다시 혈당치가 단숨에 떨어지지요. 그러면 노르아드레날린이 분비되기 시작합니다. 이 스트레스 호르몬이 분비되면 쉽게 짜증을 내게 되고, 사고도 부정적으로 바뀝니다. 그리고 짜증을 해소하기 위해 다시 단 것을 찾게 됩니다.

저는 친구들과 놀고 싶어 하는 아이의 마음을 부정하지 않도록 조심하는 한편, 살을 빼고 싶어 하는 아이의 바람을 이루어 주는 방식으로 대안을 제시했습니다.

"친구들과 편의점에서 군것질하는 시간이 좋지? 그래도 아이스크림은 살이 찌니까 먹지 말자. 대신 어묵을 먹는 건 어때?"

그런 식으로 당질이 적은 어묵을 권하고, '이 순서대로 먹으면 살이 찌지 않아'라며 음식을 먹는 방법을 아이에게 알려 주었습니다. 그렇게 하자 아이는 집에 돌아온 후에도 피곤해하지 않았고, 가족들과 저녁을 함께 먹으며 예전처럼 밝고 활기찬 모습으로 돌아왔습니다.

이때 저는 깨달았습니다. 문제는 음식이라는 것을요.

영양이야말로 삶의 근원이다

저는 의학 지식을 총동원해서 영양학에 기초한 식단을 연구하기 시작했습니다. 에너지와 도파민, 세로토닌을 생성하는 영양소를 어떤 식으로 먹으면 좀 더 효율적인 형태로 딸들의 세포에 전달할 수 있을까. 그런 고민이 영양소의 균형과 음식을 먹는 순서에 중점을 둔 '시계 방향 플레이트' 식사법이라는 형태로 나타나게 된 것입니다.

시계 방향 플레이트 식사법을 실천하자마자 둘째 아이는 금세 예전

모습을 되찾았습니다. 성격도 예전처럼 긍정적으로 변했고, 공부에도 다시 재미를 느끼기 시작했습니다.

하지만 그보다 저를 놀라게 한 것은 큰딸에게 나타난 변화였습니다. 큰 아이는 동물성 식물을 먹지 못했기 때문에 저는 아이에게 두부와 낫토 같은 식물성 단백질을 많이 먹이기 시작했습니다. 또 철분제를 매일 챙겨 먹게 했습니다. 에너지 생성량을 증가시키기 위해서였지요.

그러자 금세 변화가 나타났습니다. 아이의 얼굴에 생기가 돌기 시작했고, 며칠이 지나자 체력이 슬슬 붙기 시작했는지 밥도 한 그릇을 깨끗이 비우고, 집에 돌아와 곧바로 잠드는 일도 사라졌습니다. 몇 달이 지나자 성적도 상위권으로 껑충 뛰었습니다. 그러더니 빼빼 말랐던 몸이 여성스럽게 변하기 시작했습니다. 게다가 입에 넣는 것조차 질색하던 생선이나 고기도 조금씩 먹을 수 있게 되었습니다.

더욱 기뻤던 것은 아이가 새로운 것을 배워보고 싶다며 학원을 두세 군데 알아보더니 직접 등록해 학교가 끝난 뒤에 다니기 시작했다는 점이었습니다. 그 후 큰 아이는 고등학교 3년 동안 지각이나 결석, 조퇴를 한 번도 하지 않았고, '성적 우수자'로 상까지 받았습니다.

큰아이에게 나타난 변화를 보며 저는 '영양이야말로 삶의 근원'이라 확신하게 되었습니다. 그리고 큰아이가 허약하게 태어난 것은 임신 전과 임신 기간 동안 나의 영양 상태가 매우 좋지 않았던 것이 원인이라는 것을 깨닫고, '부모'의 역할과 책임이 얼마나 막중한지 다시 한번 통감했지요.

그 후 저는 여러 시행착오를 겪으면서 '시계 방향 플레이트' 식사법을 발전시켜 나갔습니다.

"하루하루가 즐거워. 뭐든지 할 수 있을 것 같아."

큰아이의 이 말을 들었을 때 너무나도 기뻤습니다. 온몸에 엔도르핀이 퍼져나가 마치 커다란 행복이 나를 감싸는 것 같았지요. 이제 아침 식사 시간은 우리 가정의 화목을 위한 보물 같은 시간이 되었습니다. 사람은 도파민과 세로토닌이 많이 분비되고 노르아드레날린의 양이 적을 때 큰 행복을 느낍니다. 그리고 이처럼 가족 모두가 도파민과 세로토닌을 분비시키며, 늘 활력이 넘치게 살아가다 보니 하루하루 즐거운 일이 가득해졌습니다.

"다음에는 그 일에 도전해보고 싶어", "좋은 생각이야! 나는 이런 일이 하고 싶어"라며 서로 눈을 반짝이며 대화를 나누고, 상대방을 칭찬하고 격려하는 사이가 된 것이다.

'시계 방향 플레이트' 식사법을 만나게 되어 다행이다

저는 지금 환자들에게 이 식사요법을 중심으로 영양의학 외래 진료를 하고 있습니다. 이 방법을 실천한 환자들은 다들 삶이 더 나은 방향으로 바뀌었습니다. 다들 "시계 방향 플레이트 식사법을 만나서 다행이에요", "이 식사법을 알지 못했다면 지금쯤 어떻게 되었을까요"라며 진심으로 고마움을 표현합니다.

인생의 성공은 직장이나 직업, 자격증, 경제력 같은 외적인 요인으로 이룰 수 있는 것이 아닙니다. 에너지 생성이나 호르몬의 상태 같은 내적 요인이 바로잡혀야만 비로소 능력과 행복한 마음이 자신 안에 깃들며, 그것이 외적인 성공 요인을 쌓을 수 있게 합니다.

시계 방향 플레이트 식사법은 이를 위한 첫걸음이 되어줄 것입니다. 이 식사법을 실천하기 시작하면 금세 눈에 보이는 성과가 나타날 것이며, 이러한 실천이 당신의 인생을 크게 바꾸는 강력한 힘이 되어줄 것이라 믿습니다.

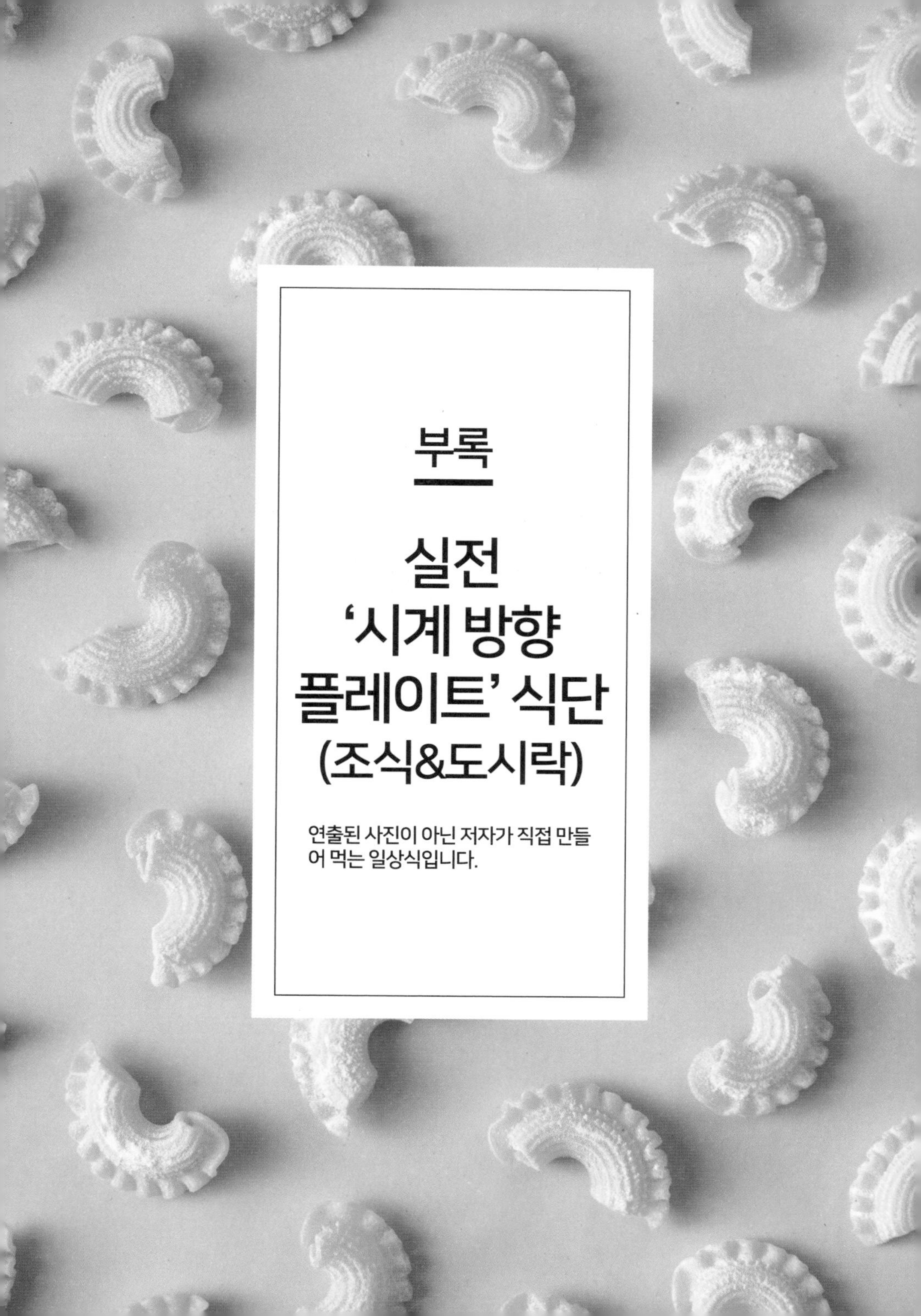

부록

실전 '시계 방향 플레이트' 식단 (조식&도시락)

연출된 사진이 아닌 저자가 직접 만들어 먹는 일상식입니다.

#1
외식 후 리셋 플레이트

제1 포지션	토마토
제2 포지션	적상추, 양하, 깻잎
제3 포지션	오크라(대체:풋고추), 아스파라거스, 셀러리
제4 포지션	낫토
제5 포지션	오징어, 생선, 치즈
제6 포지션	없음
제7 포지션	키위, 딸기 등
두유와 니시야마 효소	

❖ POINT

[외식 후 리셋 플레이트] 저녁 외식을 한 다음 날 아침에는 탄수화물을 줄이고 지방을 연소시켜 체내 IN/OUT의 균형을 되돌리려고 노력합니다. 비타민과 무기질을 충분히 섭취해서 체내에 축적된 과도한 지방을 연소시킵니다. 말하자면 리셋&덜어내기 플레이트라 할 수 있지요. 사진의 왼쪽 위편에 보이는 음료는 '니시야마 효소'로, 100가지 이상의 과일 및 채소를 3년 동안 발효 · 숙성시켜 만듭니다. 일상에 필요한 영양소를 공급하고, 체내에 축적된 유해물질을 몸 밖으로 배출하는 디톡스 효과도 있습니다.

#2
세로토닌 플레이트

제1 포지션	토마토
제2 포지션	양상추
제3 포지션	풋콩, 화이트 아스파라거스, 시금치
제4 포지션	낫토, 두부
제5 포지션	생선, 육류
제6 포지션	호박고구마
제7 포지션	키위, 오렌지 등
두유와 니시야마 효소 현미밥, 된장국	

❖ POINT

[세로토닌 플레이트] 아스파라거스는 체내 에너지를 효율적으로 연소시켜 피로한 몸을 빠르게 회복시켜 줍니다. 비타민 C와 E도 동시에 섭취할 수 있어 스트레스나 여름철 자외선에 손상된 피부에도 도움을 주는 영양적인 플레이트입니다. 세로토닌이 자율신경과 호르몬의 균형을 바로잡아 주어 긴장을 완화하고 심신을 차분하게 가라앉혀 줍니다. 의욕을 고취시키는 도파민의 분비를 촉진시키고, 노르아드레날린을 억제하는 효과도 기대할 수 있습니다. 키위는 구연산이 풍부하게 함유되어 있어 피로 회복 효과가 큽니다.

#3
피부 건강 플레이트

제1 포지션	토마토
제2 포지션	양상추, 무화과
제3 포지션	브로콜리, 만가닥버섯, 시금치(깨소금 무침)
제4 포지션	낫토
제5 포지션	문어, 연어 뱃살, 가리비
제6 포지션	감자, 옥수수
제7 포지션	수박, 체리
두유와 니시야마 효소 차조기밥, 된장국	

❖ **POINT**

[피부 건강 플레이트] 피부가 건조해지기 쉬운 계절에는 피부 건강을 위해 7대 영양소를 빠짐없이 섭취해 피부 속부터 건강해지도록 하려고 노력합니다. 7대 영양소란 ①단백질(어패류, 낫토), ②철분(시금치), ③비타민 C(토마토, 체리), ④아연(깨, 차조기), ⑤비타민 A(토마토, 브로콜리), ⑥비타민 E(깨), ⑦비타민 B(문어)를 말합니다. 또 이 플레이트는 인플루엔자나 감기를 예방할 수 있도록 양질의 단백질을 충분히 섭취해 면역력을 향상시키려는 목적도 있습니다.

#4
엔도르핀 플레이트

제1 포지션	토마토
제2 포지션	적상추
제3 포지션	숙주(깨소금 무침), 브로콜리
제4 포지션	양송이버섯
제5 포지션	생선, 문어, 육류
제6 포지션	고구마
제7 포지션	딸기, 귤 등
두유와 니시야마 효소 미역밥, 두부를 넣은 매콤한 바지락국	

❖ **POINT**

[엔도르핀 플레이트] 매운맛은 엔도르핀의 분비를 촉진시키기 때문에 매운 요리를 먹으면 기분이 좋아집니다. 엔도르핀은 신체의 회복력이나 면역력을 향상시키고, 스트레스를 해소시키며, 알파파를 방출시켜 행복감을 느끼게 할 뿐만 아니라, 발상이나 학습 능력도 향상시켜 줍니다. 또한 멜라토닌 호르몬을 방출시키므로 하루의 생활 리듬을 바로잡아 숙면을 취할 수 있게 도와줍니다

#5
피로 회복 플레이트

제1 포지션	토마토
제2 포지션	적상추
제3 포지션	시금치(깨소금 무침), 푸른잎 채소(볶음)
제4 포지션	낫토
제5 포지션	갯장어, 오징어, 육류
제6 포지션	고구마
제7 포지션	딸기, 서양배 등
두유와 니시야마 효소 달걀 샌드위치, 어묵국	

❖ **POINT**

[피로 회복 플레이트] 양질의 단백질이 풍부하게 들어 있는 갯장어는 면역 기능과 체력을 향상시키고 피로 회복을 돕는 효과가 있습니다. 그리고 DHA가 풍부하여 혈중 콜레스테롤과 중성지방을 줄일 수 있고, 칼륨 또한 풍부하여 고혈압을 예방하는 효과를 기대할 수 있습니다. 게다가 뼈째 먹으면 칼슘도 섭취할 수 있기 때문에 자주 이용하길 권하는 식재료입니다. 참고로 갯장어의 껍질에는 양질의 콜라겐이 풍부하게 들어 있어 피부 건강에도 좋습니다.

#6
도파민 사이클 플레이트

제1 포지션	토마토
제2 포지션	적상추
제3 포지션	숙주, 브로콜리, 가지
제4 포지션	두부 · 육류(마파두부)
제5 포지션	연어, 육류
제6 포지션	고구마
제7 포지션	키위, 감 등
두유와 니시야마 효소 흰쌀밥, 달걀국	

❖ **POINT**

[도파민 사이클 플레이트] 순발력과 지구력을 키워 쉽게 지치지 않는 몸을 만들어 주고 의욕도 향상시켜 주는 플레이트입니다. 생명 활동을 유지하는 데 꼭 필요한 철분을 공급해서 에너지를 최대한 많이 만들어 낼 뿐만 아니라, 양질의 단백질이 행복 호르몬인 도파민으로 변환시켜 의욕을 고양시킵니다. 게다가 피부를 탄탄하게 하는 효과도 기대할 수 있습니다.

#7
항스트레스 플레이트

제1 포지션	토마토
제2 포지션	양상추, 양하, 아보카도, 무화과
제3 포지션	브로콜리, 영콘, 푸른잎 채소(볶음)
제4 포지션	없음
제5 포지션	연어, 정어리, 육류
제6 포지션	고구마
제7 포지션	키위, 감 등
두유와 니시야마 효소 실멸치를 올린 밥, 맑은 장국	

❖ **POINT**

[항스트레스 플레이트] 스트레스를 물리치고, 뇌신경세포를 활발하게 하여 감정의 뇌를 강화하고, 기억력 · 추론력 · 사고력을 향상시키는 플레이트입니다. 말하자면 '천재적인 뇌를 만드는 플레이트'이지요. 게다가 양질의 단백질과 DHA, 혈액을 맑게 하는 EPA를 동시에 섭취함으로써 면역력을 향상시켜 질병을 예방하는 효과도 있습니다. 비타민 B3인 나이아신도 풍부하기 때문에 세로토닌을 증가시켜 마음을 안정시켜 줍니다.

#8
브레인 푸드 플레이트

제1 포지션	토마토
제2 포지션	적상추
제3 포지션	숙주(땅콩 무침)
제4 포지션	두부
제5 포지션	참치, 도미(회), 육류
제6 포지션	만가닥버섯 우동, 감자(치즈 구이)
제7 포지션	파인애플 등
두유와 니시야마 효소 명란젓을 올린 밥, 된장국	

❖ **POINT**

[브레인 푸드 플레이트] 시험을 앞둔 딸들을 위해 준비한 플레이트입니다. 해마의 신경전달물질인 글루타민산을 증가시켜 감정을 판단하는 편도체와 경험을 기억하는 해마의 뇌신경세포를 활성화시키는 메뉴입니다. 그와 동시에 감정 기억 장치이기도 한 편도체가 '좋다'라는 판단을 내리도록 촉진하고 행복 호르몬을 분비시키면 의욕이 증가해서 공부가 즐거워지는 효과도 있습니다.